高等职业教育规划教材

应用化学基础(2)

YINGYONG HUAXUE JICHU

（第二版）

主　编　徐贵敏

副主编　王卫国　李亚静　王　晖

河南大学出版社

·郑州·

图书在版编目(CIP)数据

应用化学基础. 2/徐贵敏主编. —2 版. —郑州：河南大学出版社，2019. 3
(2020. 8 重印)

ISBN 978-7-5649-2669-4

Ⅰ. ①应… Ⅱ. ①徐… Ⅲ. ①应用化学—高等职业教育—教材 Ⅳ. ①O69

中国版本图书馆 CIP 数据核字(2019)第 059605 号

责任编辑 付会娟
责任校对 张雪彩
封面设计 陈盛杰

出版发行 河南大学出版社
地址：郑州市郑东新区商务外环中华大厦 2401 号 邮编：450046
电话：0371-86059750(高等教育与职业教育出版分社)
0371-86059701(营销部) 网址：hupress. henu. edu. cn

排 版 郑州市今日文教印制有限公司
印 刷 河南育冀鑫印务有限公司
版 次 2014 年 8 月第 1 版 **印 次** 2020 年 8 月第 7 次印刷
2019 年 6 月第 2 版
开 本 787mm×1092mm 1/16 **印 张** 10
字 数 164 千字 **定 价** 28.00 元

前　言

《应用化学基础》是专门为五年制高职前两年基础阶段学生编写的一套化学教材。在本书编写过程中，编写组以“必需、够用、易教、易学”为指导思想，按照“注重基础、强化能力、结合实际、循序渐进”的编写思路，充分考虑五年制学生的学习基础和兴趣，突出学生的主体地位，注重教材的基础性、浅显性、趣味性。在内容的选择上既达到了五年制高职阶段化学课程的基本要求，又尽可能做到了与学生的初中基础相衔接，也为后续各专业课程的教学打下了坚实的化学基础。

全书共分两册，本书为《应用化学基础(2)》的再版，内容包括化学反应速率和化学平衡、金属元素及其化合物、电化学基础、烃、烃的衍生物、糖类 油脂 蛋白质，共6章。

本书有别于其他同类教材之处，主要表现为以下几点：

1. 融合初中知识、让学生零起点起步学习化学。

按照融合初中知识，让学生零起点起步的思路，我们将初中化学的“化合价和化学式”“化学方程式”“酸、碱、盐、单质、化合物”等内容进行优化重组，编写了第(1)册的第1章：化学物质及其变化。

2. 突出教学内容的实用性，实现与生产、生活的对接。

“电化学”是化学的一个重要分支，该内容与我们的生活密切相关，与地方经济密切相关，同时这个内容也具有浅显易学的特点，所以虽然这是高中阶段的选修内容，我们还是把它选进了本书。

3. 降低理论难度，突出教学内容的浅显性、基础性。

有机化学部分，按照生活中的有机化学这一主线选择教学内容，如教学内容是甲烷、乙烯、乙炔、煤和石油、乙醇、乙酸、糖类、油脂、蛋白质等与我们的生活密切相关的有机物知识，使学生的学习建立在初中化学及生活经验的基础上，凸显了教学内容的浅显性、基础性。

元素及化合物部分，内容散乱、知识点多、难度大。我们把它分类设计为非金属元素及其化合物、金属元素及其化合物。按照结构决定性质这一主线编排，较好地理清了各物质间关系，同时在难度上相比高中化学有了明显的降低。

4. 根据五年制学生的年龄特点和兴趣爱好，本书精心设计了“思考与交流”“资料卡片”“科学视野”“实践活动”等栏目，通过插编新的科学成就，有趣的化学科普知识、学习技巧，引导学生阅读、思考、归纳整理，提高了学生的学习兴趣，并从中受益。也为不同基础的学生，提供了适应他们个性发展需要的选择空间。

本书自第一版出版以来，已经使用了五年，这期间使用本书的学校先后提出一些宝贵意见，本着教材应遵循五年制高职的人才培养目标，贯彻应用性、技能性人才培养的教育理念，有必要对本书进行修订。

时隔五年的第二版，在基础性、浅显性、实用性、趣味性上有了部分改进，例如我们在“思考与交流”中增加了一些解题技巧的内容；对“科学视野”的部分内容进行了充实；在例题和习题中进行了较多改动，删除了一些较难的题目，增加了与日常生活相关、难度又较小的习题；同时，结合第一版的使用反馈，对部分内容进行了优化，例如有关“元素及化合物”“电化学”的内容，删除了铁离子与亚铁离子相互转化这一较难的知识点，对金属的腐蚀的一些内容进行了优化。

本书由徐贵敏主编。本册编写分工如下：徐贵敏(第 1 章)、王卫国(第 2 章)、王晖(甘肃能源化工职业学院，第 3 章)、李亚静(第 4、5、6 章及附录)。由徐贵敏承担策划和统稿等工作。

本书在编写过程中，参考了许多相关教材及教学参考资料，在此对作者表示衷心的感谢。

由于编者水平有限、加上时间仓促，书中难免会有不足之处，敬请读者批评指正，也真诚欢迎使用此书的老师、学生将发现的问题及时指出，并为我们提出宝贵的修改意见，以便再一次修订时进一步完善。

编　者

2019 年 5 月

目　　录

第1章　化学反应速率和化学平衡

我们已经学习了一些化学反应，知道化学反应往往需要在一定的条件下进行。例如，氢气和氮气化合生成氨的反应，要在高温、高压和有催化剂存在的条件下进行。为什么一个反应的进行需要这样或那样的条件呢？这就要从以下两个方面来认识：一是反应进行的快慢，即化学反应速率问题；二是反应进行的程度，也就是化学平衡问题。这两个方面不仅是今后学习化学所必需的基础理论知识，也是研究化工生产最适宜反应条件时需要掌握的化学变化规律。

§1.1　化学反应速率

1.1.1　化学反应速率的概念

所谓化学反应速率指的是化学反应进行的快慢程度。各种化学反应进行得有快有慢，有些反应瞬间就可以完成，例如炸药的爆炸、酸碱中和反应等；而有些反应进行得很慢，例如大多数有机反应常常要几个、十几个小时才能完成；而煤和石油的形成需要经过几十万年甚至更长的时间。

化工生产中，人们总是希望对我们有利的反应进行得快一些、更完全一些，以提高产率，对我们不利的反应进行得越慢越好。只要我们掌握了反应规律，就可以根据各种需要采取适当措施，把原来进行得慢的反应加快，如加快合成氨反应；或把原来进行得快的反应减慢，如减缓塑料和橡胶的老化。所以，为了使一些化学反应工业化，并获得一定的生产效果，研究化学反应速率具有重要的现实意义。

化学反应速率通常用单位时间内反应物浓度的减少量或生成物浓度的增加量来表示。浓度常以 mol/L 为单位，时间常以 min(分)或 s(秒)为单位，化学反应速率的单位相应以 mol/(L· min)或 mol/(L·s)表示。例如，某反应的反应物浓度在 5 min 内由 6 mol/L 变成了 2 mol/L，则以该反应物浓度的变化表示的该反应在这段时间内的平均反应速率为 0.8 mol/(L· min)。

1.1.2 影响化学反应速率的条件

不同的化学反应具有不同的反应速率。例如，中和反应比合成氨反应快得多，这说明反应物的性质是决定化学反应速率的主要因素。但是，外界条件对化学反应速率也有一定的影响，即使是同一个化学反应，如浓度、压强、温度、催化剂等外界条件不同时，反应速率也不同。下面我们来研究影响化学反应速率的几个重要条件。

1. 浓度对化学反应速率的影响

我们在初中学习氧气的性质时，曾看到硫在空气中缓慢燃烧并发出微弱的淡蓝色火焰，在纯氧中却能够迅速燃烧并发出明亮的蓝紫色火焰。这说明硫在纯氧中与氧化合的反应要比在空气中的反应进行得更快、更剧烈。这是因为纯氧中氧分子的浓度比在空气中氧分子的浓度大的缘故。从下面的实验可以看出，在溶液中进行的反应也是这样的情况。

【实验 1-1】取两个试管，在第一个试管里加入 0.1 mol/L 的硫代硫酸钠($Na_2S_2O_3$)溶液 10 mL；在第二个试管里加入 0.1 mol/L 的 $Na_2S_2O_3$ 溶液和蒸馏水各 5 mL。

另取两个试管，每个试管加入 0.1 mol/L H_2SO_4 溶液 10 mL。然后同时分别倒入上面两个盛有 $Na_2S_2O_3$ 溶液的试管里，注意观察两个盛有混合溶液试管里出现混浊现象的先后。

实验结果表明：首先出现混浊现象的是第一个试管，然后才是第二个试管。这是什么原因呢？因为 $Na_2S_2O_3$ 溶液跟稀 H_2SO_4 作用时发生如下的反应：

$$Na_2S_2O_3 + H_2SO_4 = Na_2SO_4 + SO_2 + S\downarrow + H_2O$$

反应的快慢可用反应生成硫(不溶于水，使溶液混浊)所需时间的长短来度量。第一个试管里反应物的浓度比第二个试管里的大，反应进行得快，先出现混浊现象。

通过大量实验证明，当其他条件不变时，增加反应物的浓度，可以增大反应速率；减小反应物的浓度，可以减小反应速率。这是因为，浓度越大，单位体积里参加反应的物质分子数目越多，在单位时间内发生的有效碰撞（能发生化学反应的碰撞）次数越多，反应速率越快。反之，反应速率越慢。

2. 压强对化学反应速率的影响

对于气体来说，当温度一定时，一定量气体的体积与其所受的压强成反比。这就是说，如果气体的压强增大到原来的 2 倍，气体的体积就缩小到原来的 1/2，单位体积内的分子数就增大到原来的 2 倍，如图 1-1 所示。所以，在其他条件不变的情况下，对于有气体参加的化学反应，增大压强，就是增加单位体积里反应物的物质的量，即增大反应物的浓度，因而可以增大化学反应速率。相反，减小压强，气体的体积就扩大，浓度减小，因而化学反应速率也减小。

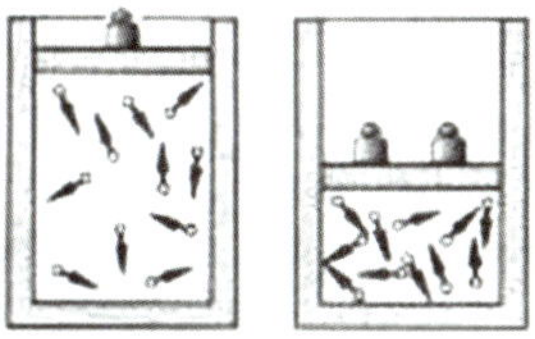

图 1-1　压强大小与一定量分子所占体积的示意图

如果参加反应的物质是固-固、固-液或液-液时，由于改变压强对它们体积改变的影响很小，因而对它们浓度改变的影响也很小，可以认为改变压强对它们的反应速率无影响。

3. 温度对化学反应速率的影响

我们知道，许多化学反应都是在加热的情况下发生的。例如，常温下，煤在空气里甚至在纯氧里都不能燃烧，只有加热到一定温度时才能燃烧，并且越烧越旺。物质在溶液里进行的反应也有类似的情况。

【实验 1-2】取两个试管，在每个试管里各加入 0.1 mol/L $Na_2S_2O_3$ 溶液 10 mL。另取两个试管，每个试管里各加入 0.1 mol/L H_2SO_4 溶液 10 mL。取一个盛有 $Na_2S_2O_3$ 溶液的试管和另一个盛有 H_2SO_4 溶液的试管组成一组，即四个试管组成两组。

然后将一组试管插入热水里，另一组试管插入冷水里。过一会儿，同时分别将两组试管里的溶液混合，并仔细观察热水和冷水中盛混合溶液的试管里出现混浊现象的先后顺序。

实验结果表明：插在热水中盛混合溶液的试管里先出现混浊的现象，接着才是插在冷水中盛混合溶液的试管里出现混浊的现象。这是什么原因呢?插入热水中的试管由于温度高,反应快,所以先出现混浊现象。插入冷水中的试管由于温度低,反应慢,后出现混浊现象。

由此可见,当其他条件不变时,升高温度,化学反应速率增大;降低温度,化学反应速率减小。这是因为升高温度,使分子的热运动速率增大,从而增加分子之间的碰撞次数,使反应速率增大。同时,由于升高温度使某些分子的能量增大,从而增加分子之间的有效碰撞次数,促使反应速率也增大。经过大量实验测得,温度每升高 10℃,化学反应速率通常增大到原来的 2～4 倍。

4. 催化剂对化学反应速率的影响

在初中化学里,已经学习过有关催化剂的知识,知道催化剂是在化学反应里能改变其他物质的化学反应速率,而本身的组成、质量和化学性质在化学反应前后没有变化的物质。能增大化学反应速率的催化剂称为**正催化剂**,减小化学反应速率的催化剂称为**负催化剂**。人们通常讲的催化剂都是指能增大反应速率的正催化剂。

催化剂能极大地增大反应速率,有的甚至可以提高成千上万倍,这主要是因为催化剂能缩短反应的历程,从而使反应速率增大。

科学探究

1. 在两支试管中各加入 2 mL 5% H_2O_2 溶液,再向 H_2O_2 溶液中分别滴入 0.1 mol/L $FeCl_3$ 和 $CuSO_4$ 溶液各 1 mL,摇匀,比较 H_2O_2 的分解速率。

加入试剂	0.1 mol/L $FeCl_3$	0.1 mol/L $CuSO_4$
产生气泡快慢		
结论		

2. 取两支试管各加入 5 mL 淀粉溶液和 2 滴碘水,然后向其中一支试管中加入 1 mL 2 mol/L 的硫酸(H_2SO_4)溶液(必要时可加热);向另一支试管中加入 1mL 唾液,振荡。观察、比较硫酸溶液、唾液对淀粉水解的催化效果。

反应物	硫酸溶液、淀粉溶液、碘水	唾液、淀粉溶液、碘水
反应现象		
结论		

选用适当的催化剂是改变反应速率常用的有效方法之一。对于在给定

条件下反应物之间能够同时发生多个反应的情况，理想的催化剂还可以大幅度提高目标产物在最终产物中的比率。在现代化学工业中催化剂的应用十分普遍，这方面的研究成果多次获得诺贝尔化学奖。但遗憾的是，催化剂的设计和选择目前主要还是依靠经验和采取筛选的方法。催化作用可以为化学工业生产带来巨大的经济效益，并且选择性能极高的酶的生物催化作用有助于加深对生命过程的认识和模拟，所以催化作用的研究一直是受到高度重视的高科技领域。

影响化学反应速率的条件很多，除了温度、浓度、压强（有气体参加的反应）、催化剂，还有光、超声波、激光、放射线、电磁波、反应物颗粒大小、扩散速率、溶剂等。例如，煤粉的燃烧比煤块快得多，溴化银见光很快分解等。

习题 §1.1

一、填空题

1. 化学反应速率通常用单位时间内________的减少或________的增加来表示。

2. 在反应 $N_2 + 3H_2 \rightleftharpoons 2NH_3$ 中，经过 2 s 后，NH_3 的浓度增加了 0.4 mol/L。若用 NH_3 的浓度变化表示其平均速率，为____________。

3. 在 2 L 密闭容器中盛入 500 mol A 气体，5 min 后剩下 2 mol A，则其平均反应速率为________。

4. 凡能改变反应速率，而本身的__________、__________和__________在反应前后保持不变的物质，称为催化剂，能__________反应速率的催化剂称为正催化剂。

5. 压力对反应速率的影响，实质上是________________的影响。

6. 影响化学反应速率的主要条件有________、__________、__________和__________。

7. 在一块大理石（主要成分是 $CaCO_3$）上，先后滴加 1 mol/L HCl 溶液和 0.1 mol/L HCl 溶液，反应快的是________；先后滴加同浓度的热盐酸和冷盐酸，反应快的是________；用大理石块和大理石粉分别跟同浓度的盐酸起反应，反应快的是________。

8. 反应 $A + 3B = 2C + 3D$ 在四种不同情况下的反应速率分别为：

① $v(A)=0.15\ mol\cdot L^{-1}\cdot s^{-1}$；② $v(B)=0.6\ mol\cdot L^{-1}\cdot s^{-1}$；③ $v(C)=0.5\ mol\cdot L^{-1}\cdot s^{-1}$；④ $v(D)=0.3\ mol\cdot L^{-1}\cdot s^{-1}$，该反应进行的快慢顺序为________________。

二、选择题

1. 决定化学反应速率的主要因素是(　　)。

A. 各反应物的浓度　B. 反应物的性质

C. 催化剂　D. 温度

2. 下列反应 $A+B \rightleftharpoons C+D$，反应速率最大的一组是(　　)。

A. 常温下 50 mL 含 A 和 B 各 0.01 mol 的溶液

B. 常温下 20 mL 含 A 和 B 各 0.001 mol 的溶液

C. 常温下 0.3 mol/L 的 A、B 溶液各 10 mL

D. 常温下 0.1 mol/L 的 A、B 溶液各 20 mL

3. 在 $2A+B \rightleftharpoons 3C+5D$ 反应中，表示该反应速率最大的是(　　)。

A. $v(A)=0.5\ mol/(L\cdot s)$　B. $v(B)=0.3\ mol/(L\cdot s)$

C. $v(C)=0.8\ mol/(L\cdot s)$　D. $v(D)=1\ mol/(L\cdot s)$

三、解答题

为什么食品放入冰箱中，可延长其保鲜期？

§1.2　化学平衡

在化学研究和化工生产中，只考虑化学反应速率是不够的，还需要考虑化学反应所能达到的最大限度。例如，在合成氨工业中，除了要考虑使 N_2 和 H_2 尽可能快地转变为 NH_3，还要考虑使 N_2 和 H_2 尽可能多地转变为 NH_3，这就涉及化学反应进行的程度问题——化学平衡。化学平衡主要是研究可逆反应规律的，如反应进行的程度以及各种条件对反应进行程度的影响等。

1.2.1　可逆反应和化学平衡

1. 可逆反应

在相同条件下，既能向正反应方向（反应物⟶生成物），同时又能向逆反应方向（生成物⟶反应物）进行的反应称为可逆反应。

绝大多数的化学反应都有一定的可逆性，但有的逆反应倾向比较弱，从整体上看反应实际上是朝一个方向进行的。例如，氯化银的沉淀反应：

$$AgNO_3 + NaCl = AgCl\downarrow + NaNO_3$$

还有些反应在进行时，逆反应发生的条件尚未具备，反应物即已经耗尽，如以二氧化锰作为催化剂的氯酸钾受热分解放出氧气的反应。这样的反应，习惯上称为不可逆反应。

2. 化学平衡

在一定温度下，当把适量蔗糖晶体溶解在水里时，一方面，蔗糖分子不断离开蔗糖表面扩散到水里去；另一方面，溶解在水里的蔗糖分子不断地在未溶解的蔗糖表面聚集成为晶体，当这两个相反过程的速率相等时，蔗糖的溶解达到最大限度，形成蔗糖的饱和溶液。此时，我们说达到溶解平衡状态。在溶解平衡状态，溶解和结晶的过程并没有停止，只是速率相等罢了，因此，溶解平衡状态是一种动态平衡状态。

可逆反应的情形又是怎样的呢？我们可以通过 SO_2 与 O_2 的反应来进行研究：

在 500 K，101.325 kPa 时，把 2 体积的二氧化硫和 1 体积的氧气混合物通入一个装有催化剂的密闭容器里，将发生下列反应：

$$2SO_2 + O_2 \rightleftharpoons 2SO_3$$

反应开始后，SO_2 和 O_2 的浓度逐渐减小，SO_3 的浓度逐渐增大，最后得到含 91%（体积分数）SO_3 的混合气体。这时容器里反应物 SO_2、O_2 和生成物 SO_3 混合物中的浓度就不再发生变化。

反应为什么不能进行到底呢？这时因为，当反应开始时，SO_2 和 O_2 的浓度最大，因而它们化合生成 SO_3 的正反应速率最大，而 SO_3 的起始浓度为零，因而它反应生成 SO_2 和 O_2 的逆反应速率也为零。反应开始以后，随着反应的进行，反应物 SO_2 和 O_2 的浓度逐渐减小，正反应的速率就逐渐减小；生成物 SO_3 的浓度逐渐增大，逆反应的速率就逐渐增大。

如果外界条件不发生变化,化学反应进行到一定程度的时候,正反应速率和逆反应速率相等,反应物和生成物的浓度不再随时间的增加而发生变化,这时反应物和生成物的混合物(简称反应混合物)就处于化学平衡状态,简称**化学平衡**。(图 1-2)

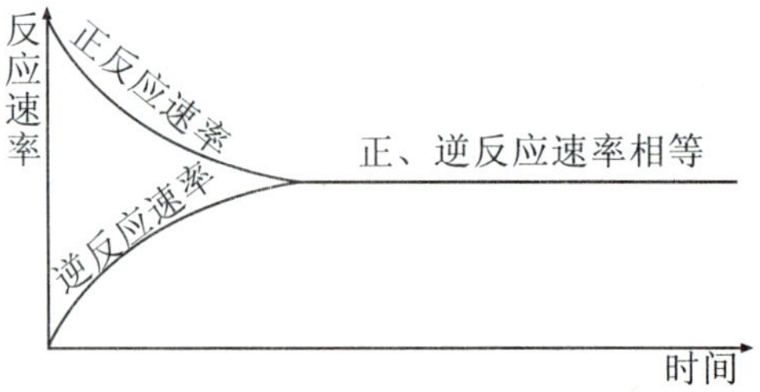

图 1-2　正、逆反应速率随时间变化

思考与交流

高炉炼铁中 $Fe_2O_3+3CO \xrightleftharpoons{高温} 2Fe+3CO_2$ 是一个可逆反应。

在 19 世纪后期,人们发现炼铁高炉所排出的高炉气中含有相当量的 CO,有的工程师认为,这是由于 CO 和铁矿石的接触时间不够长所造成的,于是在英国耗费了大量资金建造了一个高大的炼铁高炉,以增加 CO 和铁矿石的接触时间。可是后来发现,用这个高炉炼铁,所排出的高炉气中 CO 的含量并没有减少。试应用化学平衡的理论来分析,为什么用增加高炉高度的办法不能减少炼铁高炉气中 CO 的含量?

1.2.2　影响化学平衡的条件

化学平衡和其他平衡一样,只有在一定条件下才能维持暂时的平衡状态,一旦条件改变,将对正逆反应速率发生不同的影响,使正逆反应速率不再相等,原有的平衡状态就遭到破坏,可逆反应从暂时的平衡变为不平衡,直到在新的条件下又建立新的暂时的平衡。在新的平衡状态中,反应物和生成物的浓度与原有的状态已经不同了。

由于反应条件(浓度、压强、温度)的改变,旧的平衡被破坏,引起混合物中各组分的含量也随之改变,从而达到新的平衡状态的过程叫**化学平衡移动**。影响化学平衡的主要条件有浓度、压强和温度。

1. 浓度对化学平衡的影响

【实验 1-3】在一个小烧杯里混合 10 mL 0.01 mol/L $FeCl_3$ 溶液和 10 mL

0.01 mol/L的 KSCN(硫氰化钾)溶液,溶液立即变成红色。

把该红色溶液平均分入 3 个试管中。在第一个试管中加入少量 1 mol/L $FeCl_3$ 溶液,在第二个试管中加入少量 1 mol/L KSCN 溶液。观察这两个试管中溶液颜色的变化,并与第三个试管中溶液的颜色相比较。这个反应可表示如下:

$$FeCl_3 + 3KSCN \rightleftharpoons \underset{\text{(红色)}}{Fe(SCN)_3} + 3KCl$$

从上面的实验可知,在平衡混合物里,当加入 $FeCl_3$ 溶液或 KSCN 溶液后,试管中溶液的颜色都变深了。这说明增大任何一种反应物的浓度都促使化学平衡向正反应的方向移动,生成更多的 $Fe(SCN)_3$。

通过无数的实验得到以下结论:在其他条件不变时,增大反应物的浓度或减小生成物的浓度,都可以使平衡向着正反应的方向移动;增大生成物的浓度或减小反应物的浓度,都可以使平衡向着逆反应的方向移动。

思考与交流

其他条件不变时,如果减小反应物浓度或减小生成物浓度,正、逆反应速率如何变化?平衡如何移动?

2. 压强对化学平衡的影响

处于平衡状态的反应混合物里,不管是反应物还是生成物,只要有气态物质存在,那么改变压强也常常会使化学平衡发生移动。

【实验 1-4】如图 1-3 所示,用注射器吸入少量 NO_2 和 N_2O_4 的混合气体,然后将注射器针头插入橡皮塞中以封口,观察当注射器活塞反复往里推和往外拉时,混合气体颜色的变化。

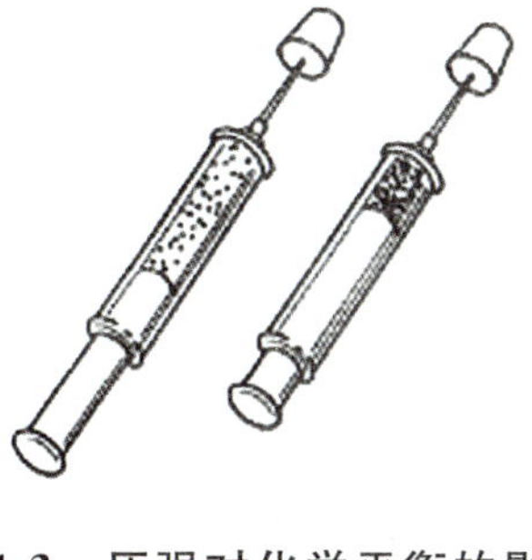

图 1-3　压强对化学平衡的影响

这个反应可表示为：

$$2NO_2 \rightleftharpoons N_2O_4$$

（2 体积，红棕色）（1 体积，无色）

从实验可以看出，当活塞往外拉时，混合气体的颜色先变浅又逐渐变深。应怎样理解呢？这必然是由于注射器内体积增大，气体的压强减小，浓度也减小，颜色变浅。后来颜色逐渐变深，这是由于化学平衡向着生成 NO_2 反应的方向即气体体积增大的方向（每 1 体积 N_2O_4 分解生成 2 体积 NO_2）移动了。当活塞往里推时，混合气体的颜色先变深又逐渐变浅。这是由于注射器内体积减小，气体的压强增大，浓度也增大，颜色变深。由于化学平衡向着生成 N_2O_4 的方向即气体体积缩小的方向移动，因此混合气体的颜色又逐渐变浅了。

通过大量实验得到以下结论：在其他条件不变的情况下，增大压强会使化学平衡向着气体体积减小的方向移动；减小压强会使化学平衡向着气体体积增大的方向移动。

在有些可逆反应里，反应前后气态物质的总体积没有变化。例如：

$$2HI(g) \rightleftharpoons H_2(g) + I_2(g)$$

（2体积）　（1体积）（1体积）

在这种情况下，增大或减小压强都不能使化学平衡移动。

固态物质或液态物质的体积，受压强的影响很小，可以忽略不计。因此，如果平衡混合物都是固体或液体，改变压强不能使化学平衡发生移动。

3. 温度对化学平衡的影响

在吸热或放热的可逆反应里，反应混合物达到平衡状态以后，改变温度也会使化学平衡移动。

【实验 1-5】如图 1-4 所示，把 NO_2 和 N_2O_4 的混合气体盛在两个连通的烧瓶里，然后用夹子夹住橡皮管，把一个烧瓶放进热水里，把另一个烧瓶放进冰水（或冷水）里，观察混合气体的颜色变化。

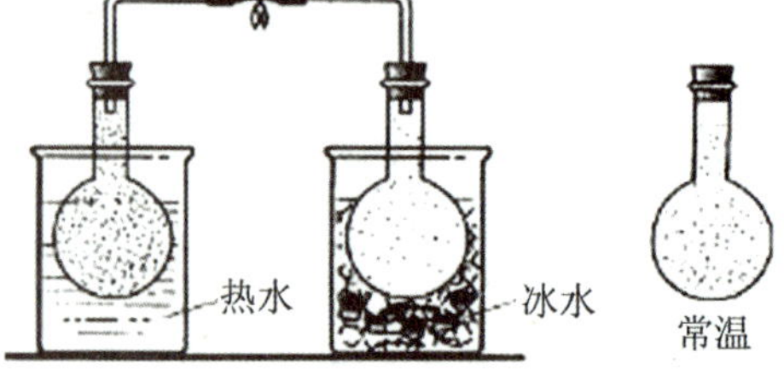

图 1-4　温度对化学平衡的影响

在 NO_2 生成 N_2O_4 的反应里，正反应是放热反应，逆反应是吸热反应。

$$\underset{(红色)}{2NO_2(g)} \rightleftharpoons \underset{(无色)}{N_2O_4(g)}\text{（正反应为放热反应）}$$

通过实验可以得出：混合气体受热时颜色变深，说明 NO_2 浓度增大，即平衡向逆反应方向移动。混合气体冷却时颜色变浅，说明 NO_2 的浓度减小，即平衡向正反应方向移动。

通过大量实验得出如下结论：在其他条件不变时，升高温度，会使平衡向着吸热反应的方向移动；降低温度，会使平衡向着放热反应的方向移动。

4. 勒沙特列原理

法国化学家勒沙特列把浓度、压强和温度对化学平衡的影响概括成一个原理，即**勒沙特列原理**：如果改变影响平衡的一个条件（如浓度、压强或温度等），平衡就向能够减弱这种改变的方向移动。这个原理也称**平衡移动原理**。

由于催化剂能够同等程度地增大正反应和逆反应的速率，因此对化学平衡的移动没有影响，但使用催化剂能够大大地缩短反应达到平衡所需的时间。因此，在化工生产中要广泛使用催化剂。

资料卡片

勒沙特列简介

勒沙特列是法国一位精力旺盛的科学家，他研究过水泥的煅烧和凝固、陶器和玻璃器皿的退火、磨蚀剂的制造以及燃料、玻璃和炸药的发展等问题。他对乙炔气的研究，促使他发明了氧-乙炔焰，并用于金属焊接和切割。

勒沙特列特别感兴趣的是科学和工业之间的关系，以及怎样从化学反应中得到最高的产率。他在这个领域里的研究使他于 1888 年发现了“勒沙特列原理”，他也因此而世界闻名。

勒沙特列曾批评英国钢铁工业中的有些人企图用增加高炉高度的办法来减少高炉气中 CO 的含量，指出这是背离化学平衡理论的，因此，也是行不通的。

勒沙特列原理广泛应用于工业生产，使化学反应能获得较高的产率，大大提高了工业生产的效率。

科学视野

化学反应速率和化学平衡在生产中的应用

在实际生产及科研开发中，为了提高产品产量，降低成本，常常需要综合考虑反应速率和化学平衡两方面的因素来选择最佳生产条件。下面就以二氧化硫转化为三氧化硫为例，讨论最佳工艺条件如何实现。

二氧化硫转化为三氧化硫的反应为：

$$2SO_2(g)+O_2(g)\rightleftharpoons 2SO_3(g)$$

这是一个可逆的放热反应，而且反应后气体分子数减少。根据化学平衡移动的原理，增大反应物的浓度、降低温度和增加压力有利于 SO_3 产率的提高。

在反应原料的组成上，由于 SO_2 的价格较贵，而来自于大气中的 O_2 量充足，因此可以通过适当增加 O_2 的量来提高 SO_2 的平衡转化率，如表 1-1 所示。

表 1-1　不同组成的原料气和 SO_2 的平衡转化率(773K)

原料气组成(体积分数)/%			SO_2 平衡转化率/%
SO_2	O_2	N_2	
9.0	8.2	82.8	91.6
8.0	9.6	82.4	92.9
7.0	11.0	82.0	93.5
6.0	12.4	81.6	94.3
5.0	13.9	81.1	95.0

温度变化对反应影响也很大。从表 1-2 看出，升高温度，SO_2 的平衡转化率降低，温度降低虽然有利于 SO_2 的转化，但温度降低，反应速率太慢，综合考虑应选择一个适当的温度。

表 1-2　不同温度下 SO_2 的平衡转化率

T/K	673	723	773	823	873
ε/%	99.2	97.5	93.5	85.6	73.7

压力对反应影响如表 1-3 所示，常压下 SO_2 的转化率已经很高，如果再增加压力，所需设备投资及能耗会相应增多，生产成本增高，所以目前工业生产中不需采取加压措施。

表 1-3　不同温度、压力下 SO_2 的平衡转化率　　单位：%

T/K	p/kPa				
	101.3	506.5	1 013	2 532	10 130
673	99.2	99.6	99.7	99.9	99.9
773	97.5	98.9	99.2	99.5	99.7
873	93.5	96.9	97.8	98.6	99.3
973	85.6	92.9	94.9	96.7	98.3

在 SO_2 的转化反应中，采用催化剂可加快反应的转化速率。实验证明，许多催化剂都能使 SO_2 的转化反应速率增大。虽然使用 Pt 催化剂所需温度最低，而转化率最高，但 Pt 价格昂贵，又易中毒。V_2O_5 的效果最好，目前在化工生产中被普遍采用。

目前工业生产中，一般采用以下方法提高 SO_2 的转化率。

① 增大原料气中 O_2 的量。实际配比为 SO_2 7%、O_2 11%（其余约 80% 是 N_2）。

② 多次转化，多次吸收。SO_2 通过转化炉后（转化率可达 90%），进入吸收塔，其中的 SO_3 被吸收。余下气体（含未转化的 SO_2）再次返回转化炉。由于 SO_3 不断从系统中取走，有利于 SO_2 转化率的提高，其转化率可达 99.7%。

③ 采用 V_2O_5 作为催化剂，进行多层催化氧化，并通过热交换器不断换热，控制反应在最适宜的温度 693～773K 下进行。

习题 §1.2

一、填空题

1. 化学平衡状态是指在一定条件下的可逆反应中，正反应速率和逆反应速率______的状态。

2. 能够使化学平衡移动的条件有________、________和________。催化剂虽然能够________速率，但__________化学平衡移动。

3. 在一定条件下的可逆反应，向容器中加入反应物。

（1）反应刚开始时：反应物浓度________，正反应速率________。生成物浓度________，逆反应速率________。（填“最大”或“最小”）

（2）反应进行中时：反应物浓度________，正反应速率________。生成物浓度________，逆反应速率________。（填“增大”“减少”或“不变”）

(3) 反应达到平衡后:反应物浓度________,生成物浓度________(填“改变”或“不变”)。此时正反应速率与逆反应速率________。(填“相等”或“不相等”)

4. 在高温下,下列反应达到平衡:

$$C(s)+H_2O(g) \rightleftharpoons CO(g)+H_2(g)$$(正反应为吸热反应)

如果升高温度,平衡向________移动;如果增大压强,平衡向________移动。

二、选择题

1. 可逆反应达到平衡的根本原因是(　　)。

A. 反应混合物中各组分的浓度相等　B. 正逆反应都还在继续进行

C. 正逆反应的速率均为零　D. 正逆反应的速率相等

2. 一定温度下,在密闭容器中发生反应:$A(g)+3B(g) \rightleftharpoons 2C(g)$ 达到平衡的标志(　　)。

A. A、B、C 的浓度不再随时间的变化而变化

B. 单位时间生成 n mol A 同时生成 $3n$ mol B

C. C 生成的速率等于 A 分解的速率的 2 倍

D. A、B、C 的分子数比为 1∶2∶3

3. 增大压强,对已达到平衡的下列反应产生的影响是(　　)。

$$3P(g)+Q(g) \rightleftharpoons 2R(g)+2S(s)$$

A. 正反应速率增大,逆反应速率减小,平衡向正反应方向移动

B. 正反应速率减小,逆反应速率增大,平衡向逆反应方向移动

C. 正、逆反应速率都增大,平衡向正反应方向移动

D. 正、逆反应速率都没有变化,平衡不发生移动

4. 下列反应达到平衡后,增大压强或升高温度,平衡都向正反应方向移动的是(　　)。

A. $2NO_2 \rightleftharpoons N_2O_4$(正反应为放热反应)

B. $3O_2 \rightleftharpoons 2O_3$(正反应为吸热反应)

C. $H_2(g)+I_2(g) \rightleftharpoons 2HI(g)$(正反应为放热反应)

D. $NH_4HCO_3(s) \rightleftharpoons NH_3+H_2O(g)+CO_2$(正反应为吸热反应)

5. NH_3 氧化制 HNO_3 时,在吸收塔里发生如下反应:

$$3NO_2+H_2O \rightleftharpoons 2HNO_3+NO$$(正反应为放热反应)

为了提高 HNO_3 的产量,在理论上应该采取的措施是(　　)。

A. 降温　　B. 升温　　C. 减压　　D. 增压

三、解答题

在合成氨工业中，下列事实能否用勒沙特列原理来解释，简要说明理由。

1. 向循环气体中不断补充 N_2 和 H_2，并将生成的 NH_3 及时地从混合气体中分离出去，这样做有利于合成氨的反应。

2. 加入催化剂有利于合成氨的反应。

3. 高压有利于合成氨的反应。

4. 500℃左右比室温更有利于合成氨的反应。

归纳与整理

一、化学反应速率及影响化学反应速率的条件

1. 化学反应速率

化学反应速率通常用单位时间内反应物浓度的减少量或生成物浓度的增加量来表示。

参加化学反应的物质的性质是决定化学反应速率的主要因素，不同的物质参加的化学反应，具有不同的反应速率。此外，温度、浓度、压强和催化剂等也能影响化学反应速率。

2. 影响化学反应速率的条件（填表）

条件的改变（假设其他条件不变）	对化学反应速率的影响
浓度	
压强（对有气体存在的反应）	
温度	
催化剂	

二、化学平衡及影响化学平衡的条件

1. 化学平衡

一定条件下，在一个密闭容器里进行的可逆反应，当正反应和逆反应的化学反应速率相等时，即达到了化学平衡。

化学平衡是动态平衡。达到平衡状态时，混合物里各组分的浓度保持不变。当浓度、压强、温度等条件改变时，化学平衡即被破坏，并将在新的条件下建立新的平衡状态，这就是化学平衡的移动。

2. 影响化学平衡的条件（填表）

条件的改变（假设其他条件不变）		化学平衡的移动
浓　度	增大反应物浓度或减小生成物浓度	
	减小反应物浓度或增大生成物浓度	
压强（对有气体存在的反应）	增大压强	
	减小压强	
温　度	升高温度	
	降低温度	
催化剂	使用催化剂	

复　习　题

一、填空题

1. 在 $2SO_2+O_2 \rightleftharpoons 2SO_3$ 反应中，如果 2 min 内 SO_3 的浓度由 6 mol/L 下降为 2 mol/L，那么，用 SO_3 浓度变化来表示的化学反应速率为________mol/(L · min)，用 SO_2 浓度变化来表示的化学反应速率为________mol/(L · min)，用 O_2 浓度变化来表示的化学反应速率为________mol/(L · min)。

2. 可逆反应：$2SO_2+O_2 \rightleftharpoons 2SO_3$（正反应为放热反应）。

当采取下列措施时，对正、逆反应速率的影响是：

(1) 增大 O_2 的浓度，正反应速率______________；

(2) 减小 SO_2 的浓度，正反应速率______________；

(3) 增大反应容器的压强，正反应速率________，逆反应速率__________；

(4) 升高温度，正反应速率__________，逆反应速率_________________。

3. 在密闭容器内有如下可逆反应：$xA+yB \rightleftharpoons zC$，在一定条件下达到平衡。

(1) 已知A、B、C都是气体，在减压下平衡向逆反应方向移动，则x、y、z的关系是__________;

(2) 加热后C的百分含量减少，则正反应为________热反应;

(3) 若A、B、C都是气体，$x+y=z$，那么，增大压强时，平衡______________;

4. $C(s)+CO_2 \rightleftharpoons 2CO$ 达到平衡时，增大压强，平衡____________，升高温度，CO_2的浓度减小，则正反应方向为__________热反应。

二、选择题

1. $N_2+3H_2 \rightleftharpoons 2NH_3$ 合成氨反应中，在下列情况下，不能使反应速率增大的是(　　)。

A. 加入氮气　　B. 减小压强，扩大容器体积

C. 加入催化剂　　D. 适当升高温度

2. 当反应 $2A(g)+B(g) \rightleftharpoons 4C(g)$（放热反应）达到平衡时，若改变一个条件能使平衡向正反应方向移动的是(　　)。

A. 增压　　B. 使用催化剂

C. 加热　　D. 减少C的浓度

3. 对于化学反应 $2NO_2 \rightleftharpoons N_2O_4$（放热反应），能使瓶内颜色变深的条件是(　　)。

A. 降温　　B. 增压

C. 升温　　D. 不可能

4. 下列关于催化剂的叙述中，不正确的是(　　)。

A. 催化剂在化学反应里能改变其他物质的化学反应速率，而本身的组成、质量和化学性质在反应前后都不改变

B. 催化剂增大正反应速率，减小逆反应的速率

C. 催化剂对化学平衡的移动没有影响

D. 加入催化剂可以缩短达到平衡的时间

5. 在一定条件下，对于密闭容器中进行的反应：$2SO_2(g)+O_2(g) \rightleftharpoons 2SO_3(g)$，下列说法能充分说明该反应已达到化学平衡状态的是(　　)。

A. 正、逆反应速率都等于零

B. SO_2、O_2、SO_3的浓度相等

C. SO_2、O_2、SO_3 在容器中共存

D. SO_2、O_2、SO_3 的浓度均不再变化

6. 在 $N_2+3H_2 \rightleftharpoons 2NH_3$ 的平衡体系中，当分离出 NH_3 时，下列说法正确的是(　　)。

A. 正反应速率增大　　B. 平衡向逆反应方向移动

C. 正反应速率等于逆反应速率　　D. 氢气的转化率变大

三、判断题

1. 在其他条件不变时，使用催化剂只能改变反应速率，而不能改变化学平衡状态。(　　)

2. 当反应 $2A(g)+B(g) \rightleftharpoons 2C(g)$ 达到平衡时，增大压强，化学平衡不发生移动。(　　)

3. 对于可逆反应 $C(s)+H_2O(g) \rightleftharpoons CO(g)+H_2(g)$(吸热反应)。

(1) 达到平衡时，各反应物和生成物的浓度相等。(　　)

(2) 升高温度会使平衡向正反应方向移动。(　　)

(3) 由于反应前后分子数相等，所以增大压强对平衡没有影响。(　　)

第 2 章　金属元素及其化合物

在已发现的一百多种元素里，大约有 4/5 是金属元素。金属有不同的分类方法。在冶金工业上，人们常把金属分为黑色金属（包括铁、铬、锰）和有色金属（铁、铬、锰以外的金属）两大类。人们也常按密度大小来把金属分类，把密度小于 4.5 g/cm^3 的叫作轻金属（如钾、钠、钙、镁、铝等）；把密度大于 4.5 g/cm^3 的叫作重金属（如铜、镍、锡、铅等）。此外，还可把金属分为常见金属（如铁、铝等）和稀有金属（如锆、铪、铌、钼等）。这一章我们来学习一些重要的金属及其化合物。

§2.1　铝

2.1.1　铝的性质

铝的性质如表 2-1 所示。

表 2-1　铝的性质

元素名称	元素符号	核电荷数	原子结构示意图	单质的物理性质				
				颜色和状态	硬度	$\frac{密度}{g \cdot cm^{-3}}$	$\frac{熔点}{℃}$	$\frac{沸点}{℃}$
铝	Al	13	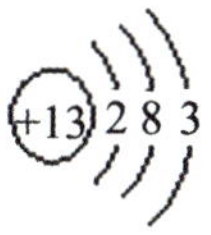	银白色固体	较软	2.70	660.4	2 467

思考与交流

1. 铝位于元素周期表的第几周期，第几族？

2. 试根据铝在元素周期表中的位置及铝的原子结构特点，预测铝有哪些化学性质？

铝位于第三周期第ⅢA族，它是银白色的轻金属，有较强的韧性、延展性，有良好的导电、导热性。

物质的用途常与其性质有很大关系，由于铝有上述性质，因此常用于制作导线和电缆，铝箔常用于食品、饮料的包装等。

铝的更重要的用途是制造合金，制成合金可克服纯铝的硬度、强度较低，不适于制造机器零件的缺点。例如，含有硅、铜、锌、锰等元素的铝合金就具有质轻、坚韧、机械性能较好等许多优良性质，用途极为广泛，如可用来做门窗等。

铝元素的原子最外层有3个电子。在参加化学反应时，容易失去最外层电子成为阳离子。

$$Al - 3e \longrightarrow Al^{3+}$$

铝能跟非金属、酸、强碱溶液等物质起反应。

1. 铝跟非金属反应

在常温下，铝能跟空气里的氧气起反应，生成一层致密而坚固的氧化物薄膜，从而使金属失去光泽。由于这层氧化物薄膜能阻止金属的继续氧化，所以，铝有抗腐蚀的性能。

我们知道镁条能够在空气里燃烧，铝能不能燃烧呢？让我们共同观察一个实验。

【实验2-1】把2 cm×5 cm铝箔的一端固定在粗铁丝上，另一端裹一根火柴。点燃火柴，待火柴快燃尽时，立即把铝箔伸入盛有氧气的集气瓶中(集气瓶底部要放一些细沙，图2-1)，观察现象。

我们可以看到，铝箔在氧气里剧烈燃烧，放出大量的热和耀眼的白光，反应生成Al_2O_3。

$$4Al + 3O_2 \xlongequal{点燃} 2Al_2O_3$$

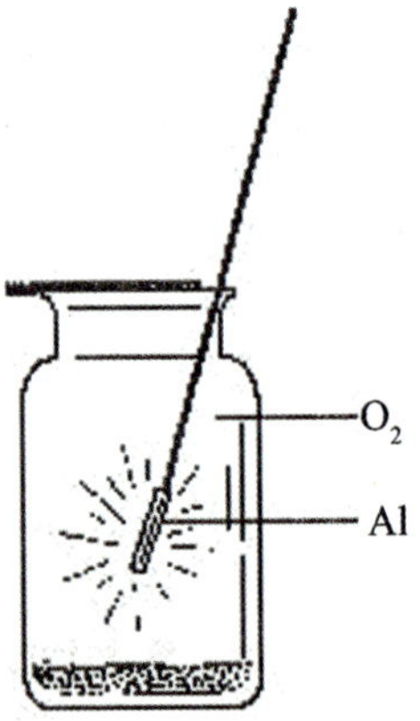

图2-1 铝箔的燃烧

铝除能跟氧气起反应外，在加热时还能跟其他非金属如硫、卤素等起反应。

资料卡片

铝的氧化膜

在空气中，铝的表面容易生成一层很稳定的氧化膜，但天然形成的氧化膜很薄，耐磨性和抗蚀力还不够强。为了使铝制品适应不同的用途，可以采用化学方法对铝的表面进行处理，如增加膜的厚度，改变膜的结构与强度，对氧化膜进行着色等。例如，化学氧化（用铬酸作氧化剂）可以使氧化膜产生美丽的颜色；用电化学氧化的方法，可以生成坚硬的氧化膜，还可以用染料使其着色。市场上的铝制品不少都是经过这样处理的。氧化膜使得性质活泼的金属铝成为一种应用广泛的金属材料。

2. 铝跟酸的反应

我们曾做过铝跟稀盐酸反应的实验，反应有氢气生成。

$$2Al+6HCl═2AlCl_3+3H_2\uparrow$$

应该指出的是，在常温下，在浓硫酸或浓硝酸里铝的表面被钝化，生成坚固的氧化膜，可阻止反应继续进行。因此，人们可以用铝制的容器装运浓硫酸或浓硝酸。

3. 铝跟碱的反应

很多金属能跟酸起反应，却不能跟碱起反应，铝遇到碱时能不能发生反应呢？

【实验 2-2】在 1 个试管里分别加入 10 mL 浓 NaOH 溶液，再放入一小段铝片，观察实验现象。过一段时间后，用点燃的木条放在试管口，有什么现象发生？

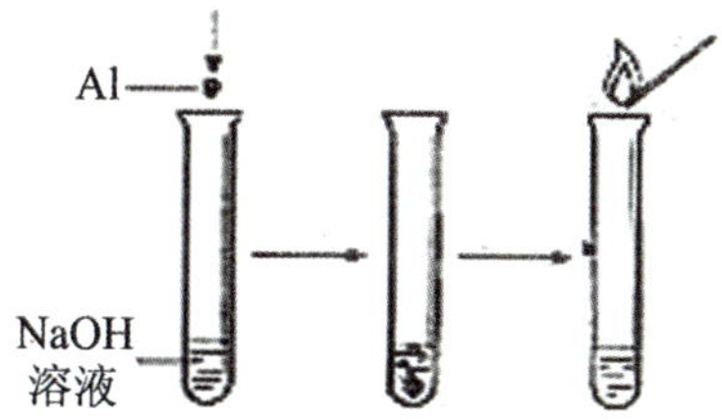

图 2-2　铝跟氢氧化钠溶液的反应

通过实验我们看到，铝能跟 NaOH 溶液反应，并放出一种可燃性气体，这是氢气，同时生成偏铝酸钠（$NaAlO_2$）。反应的化学方程式为：

$$2Al+2NaOH+2H_2O═2NaAlO_2+3H_2\uparrow$$

由于酸、碱、盐等可直接腐蚀铝制品，铝制餐具不宜用来蒸煮或长时间存放具有酸性、碱性和有咸味的食物。

4. 铝跟某些氧化物的反应

铝是较活泼的金属，它的还原性比较强，不仅能与氧气反应，而且在一定条件下还能跟某些氧化物起反应，将其中的某些元素还原。

如铝在一定条件下，能跟氧化铁发生氧化还原反应。

【实验 2-3】用两张圆形滤纸分别折叠成漏斗状，套在一起使四周都有四层。把内层漏斗取出，在底部剪一个孔，用水润湿，再跟另一个纸漏斗套在一起，架在铁圈上(图 2-3)，下面放置盛沙的蒸发皿。把 5 g 炒干的氧化铁粉末和 2 g 铝粉混合均匀，放在纸漏斗中，上面加少量氯酸钾并在混合物中间插一根镁条，用小木条点燃镁条。观察发生的现象。

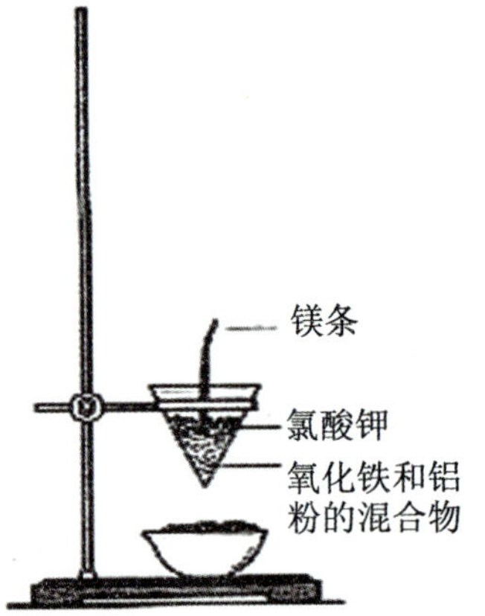

图 2-3 铝热反应的实验装置

通过实验我们看到，镁条剧烈燃烧，放出一定的热量，使氧化铁粉末和铝粉在较高温度下发生剧烈的反应。反应放出大量的热，并发出耀眼的光芒。我们还可以看到，纸漏斗的下部被烧穿，有熔融物落入沙中。待熔融物冷却后，除去外层熔渣，仔细观察，发现落下的是铁珠。这个反应叫作铝热反应，反应生成 Al_2O_3 和 Fe。

$$2Al + Fe_2O_3 \xlongequal{高温} 2Fe + Al_2O_3$$

铝热反应原理可以应用在生产上，如焊接钢轨等。在冶金工业上也常用这一反应原理，使铝跟金属氧化物反应，冶炼钒、铬、锰等。例如：

$$3MnO_2 + 4Al \xlongequal{高温} 2Al_2O_3 + 3Mn$$

2.1.2　铝的化合物

铝是地壳中含量最多的金属元素，但人们发现并制得单质铝却较晚，这是由于铝很活泼，从铝的化合物中提炼铝单质比较困难。铝的许多化合物在人类的生产和生活中具有重要的作用。

1. 氧化铝

我们已经知道，氧化铝难溶于水，熔点很高，也很坚固，覆盖在铝制品表面极薄的一层氧化铝就能有效地保护内层金属。氧化铝是冶炼金属铝的原料，也是一种比较好的耐火材料。它可以用来制造耐火坩埚、耐火管和其他耐高温的实验仪器等。

氧化铝难溶于水，却能溶于酸或强碱溶液中。新制备的氧化铝既能跟酸起反应生成铝盐，又能跟碱起反应生成偏铝酸盐。因此，氧化铝是一种典型的两性氧化物。

$$Al_2O_3+6HCl=\!=\!=2AlCl_3+3H_2O$$

$$Al_2O_3+2NaOH=\!=\!=2NaAlO_2+H_2O$$

资料卡片

人 造 宝 石

宝石晶莹透亮、华丽耀眼，深受人们的喜爱。宝石不仅是漂亮的装饰品，也是非常好的工业材料。天然宝石来源很少，价格昂贵，使其利用受到了很大限制，所以，人们非常渴望能人工制造出宝石。随着科学技术的发展，人们利用科学方法制造出了各种具有高硬度和优良光学性能的人造宝石。

红宝石和蓝宝石的主要成分都是 Al_2O_3（刚玉）。刚玉中混有少量铬时呈现红色，混有少量钛时呈现蓝色，这就是形成红宝石和蓝宝石的缘由。1900 年，科学家曾用氧化铝熔融后加入少量氧化铬的方法，制出了质量为 2～4 g 的红宝石。现在，已经能制造出大约 10 g 的红宝石和蓝宝石。

人造红宝石硬度很大，常被用来制造钟表的轴承；又由于它能放大某一波长的光而产生激光，可用作固体激光器。人造蓝宝石因能使紫外线和可见光通过，可用于制造光学仪器。

2. 氢氧化铝

【实验 2-4】在试管里加入 10 mL 0.5 mol/L $Al_2(SO_4)_3$ 溶液，滴加氨水，

生成白色胶状物质。继续滴加氨水,直到不再产生沉淀为止。

反应中得到的白色胶状物质是氢氧化铝〔$Al(OH)_3$〕,它几乎不溶于水,但能凝聚水中的悬浮物,又有吸附色素的性能。在实验室里,常常用铝盐溶液跟氨水的反应来制取氢氧化铝。

$$Al_2(SO_4)_3+6NH_3\cdot H_2O \xlongequal{} 2Al(OH)_3\downarrow+3(NH_4)_2SO_4$$

【实验 2-5】把上面实验中制得的 $Al(OH)_3$ 沉淀,分装在两支试管里,往一支试管里滴加 2 mol/L 盐酸,往另一支试管里滴加 2 mol/L NaOH 溶液。边加边振荡,观察现象。

实验表明,$Al(OH)_3$ 在酸或强碱溶液里都能溶解。这说明它既能跟酸起反应,又能跟强碱溶液起反应,是典型的两性氢氧化物。

$$Al(OH)_3+3HCl \xlongequal{} AlCl_3+3H_2O$$

$$Al(OH)_3+NaOH \xlongequal{} NaAlO_2+2H_2O$$

$Al(OH)_3$ 是医用的胃酸中和剂中的一种,它的碱性不强,不至于对胃壁产生强烈的刺激或腐蚀作用,但却可以与酸反应,使胃液酸度降低,起到中和过多胃酸的作用。

加热时,$Al(OH)_3$ 分解为氧化铝和水。

$$2Al(OH)_3 \xlongequal{\triangle} Al_2O_3+3H_2O$$

思考与交流

1. 试写出 Al_2O_3 与盐酸及氢氧化钠反应的离子方程式。

2. 为什么常用氨水与硫酸铝溶液反应制取氢氧化铝,而不用氢氧化钠溶液呢?

资料卡片

硫酸铝钾〔$KAl(SO_4)_2$〕

硫酸铝钾是由两种不同的金属离子和一种酸根离子组成的化合物,它在水中能电离产生两种金属阳离子和硫酸根离子。

$$KAl(SO_4)_2 \xlongequal{} K^++Al^{3+}+2SO_4^{2-}$$

十二水合硫酸铝钾〔$KAl(SO_4)_2\cdot 12H_2O$〕俗名明矾。明矾是无色晶体,易溶于水,在天然水中生成 $Al(OH)_3$(胶体),$Al(OH)_3$ 吸附能力很强,可以吸附水里的杂质，并形成沉淀，使水澄清，所以明矾常用作净水剂。

2.1.3 硬水及其软化

1. 硬水和软水

水是日常生活和工农业生产中不可缺少的物质。水质的好坏直接影响人类的生活和生产。天然水跟空气、岩石和土壤等长期接触，溶解了许多杂质，如无机盐类、某些可溶性有机物以及气体等。水里溶解的无机盐有钙和镁的酸式碳酸盐、碳酸盐、氯化物、硫酸盐、硝酸盐等。也就是说，天然水里一般含有 Ca^{2+}、Mg^{2+} 等阳离子和 HCO_3^-、CO_3^{2-}、Cl^-、SO_4^{2-} 和 NO_3^- 等阴离子。各地的天然水含有这些离子的种类和数量有所不同。例如，溶有二氧化碳的水，遇到主要成分是碳酸钙的岩石时，会使碳酸钙逐渐变成可溶性的碳酸氢钙：

$$CaCO_3 + CO_2 + H_2O = Ca(HCO_3)_2$$

这种水中就含有 Ca^{2+} 和 HCO_3^- 离子。

有的天然水里含 Ca^{2+} 和 Mg^{2+} 比较多，在这种水里加入肥皂水，就会产生絮状沉淀。

【实验 2-6】在两个烧杯里分别加入蒸馏水和天然水 30 mL，再分别注入少量肥皂水，搅拌，观察发生的现象。

通过实验，我们可以看到盛蒸馏水的烧杯里泡沫很多，没有沉淀产生。盛有天然水的烧杯里泡沫较少，并出现絮状沉淀。这是因为天然水含有 Ca^{2+} 和 Mg^{2+}，它们与肥皂起反应生成了不溶于水的物质。各种天然水里所含的离子的种类和数量不同，一般地说，地下水、泉水中含 Ca^{2+}、Mg^{2+} 较多，而雨水、河水、湖水中含得少一些。

通常按水中含 Ca^{2+}、Mg^{2+} 的多少，把天然水分为硬水和软水。含有较多 Ca^{2+} 和 Mg^{2+} 的水叫作**硬水**；只含有少量或不含 Ca^{2+} 和 Mg^{2+} 的水叫作**软水**。

如果水的硬度是由碳酸氢钙或碳酸氢镁所引起的，这种硬度叫作**暂时硬度**，具有暂时硬度的水经过煮沸以后，水里所含的碳酸氢盐就会分解成不溶性的碳酸盐：

$$Ca(HCO_3)_2 \xrightarrow{\triangle} CaCO_3\downarrow + CO_2\uparrow + H_2O$$

$$Mg(HCO_3)_2 \xlongequal{\triangle} MgCO_3\downarrow + CO_2\uparrow + H_2O$$

继续加热煮沸时，$MgCO_3$ 就逐渐转化成更难溶的 $Mg(OH)_2$。这样，水

里溶解的 Ca^{2+} 和 Mg^{2+} 就成为 $CaCO_3$ 和 $Mg(OH)_2$ 沉淀从水里析出，从而使硬度高的水得到软化。

如果水的硬度是由钙和镁的硫酸盐或氯化物等引起的，这种硬度叫作**永久硬度**，这种水叫作**永久硬水**。永久硬水不能用加热的方法软化。天然水大多同时具有暂时硬度和永久硬度，因此，一般所说的水的硬度是指上述两种硬度之和。

2. 硬水的软化

水的硬度过高对生活和生产都有危害。洗涤用水如果硬度太高，不仅浪费肥皂，而且也洗不净衣物。长期使用硬水洗衣物，还会使衣物变硬。长期饮用硬度过高或硬度过低的水，都不利于人体的健康。锅炉用水硬度太高(特别是暂时硬度)，十分危险，因为经过长期烧煮后，水里的钙盐和镁盐会在锅炉内结成锅垢，使锅炉内金属管道的导热能力大大降低，这不但浪费燃料，而且会使管道局部过热，当超过金属允许的温度时，锅炉管道将变形或损坏，严重时会发生爆炸事故。很多工业部门，如纺织、印染、造纸、化工等，都要求用软水。因此，对天然水进行软化，以降低或消除它的硬度是很重要的。

硬水软化的方法通常有药剂软化法和离子交换法等。这里只简单介绍离子交换法。离子交换法是用离子交换剂软化水的一种现代的方法。离子交换剂中的阳离子跟水中的 Ca^{2+}、Mg^{2+} 起离子交换作用，从而使硬水得到软化。

【实验 2-7】如图 2-4 所示，天然硬水通过离子交换柱，用试管取 5 mL 软化后的水，加入少量肥皂水振荡，检验水的硬度。

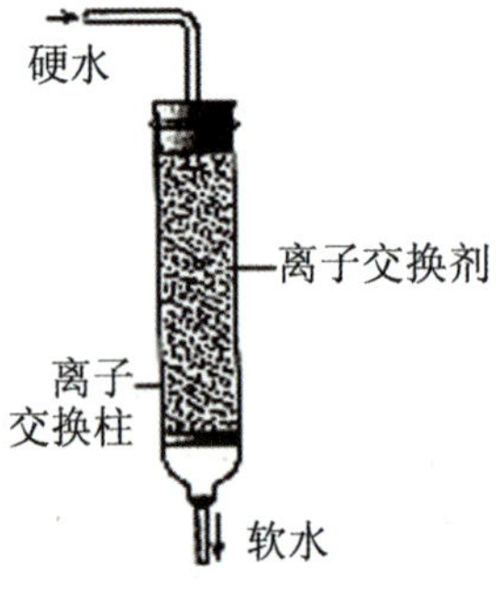

图 2-4　用离子交换剂软化硬水

通过实验我们看到，软化后的水中加入肥皂水振荡时，泡沫很多，也没有沉淀产生。

其原因是什么呢？当硬水通过离子交换剂时，硬水里的 Ca^{2+}、Mg^{2+} 跟离子交换剂中的 Na^{+} 起交换作用(工业上常用 NaR 作离子交换剂)，因而使硬水得到软化，反应可以表示如下：

$$2NaR + Ca^{2+} = CaR_2 + 2Na^{+}$$

$$2NaR + Mg^{2+} = MgR_2 + 2Na^{+}$$

用离子交换法软化硬水，具有质量高、设备简单、占地面积小、操作方便等优点，目前使用得比较普遍。硬水软化的方法还有很多，例如离子膜法、电渗析法等。

家庭小实验

用肥皂水及需要的用具检验家庭自来水(或井水、矿泉水、河水等)、凉开水的硬度。

习题 § 2.1

一、填空题

1. 在冶金工业上，人们常把金属分为________和________两大类。人们也常按密度大小来把金属分为________和________两大类。

2. 铝位于元素周期表中第________周期、第________族。铝是化学性质比较________的金属。铝原子的最外电子层只有________个电子，在化学反应中容易________个电子而变为铝离子。

3. 氧化铝和氢氧化铝既可以与________反应，又可以与________反应，它们是典型的________氧化物和________氢氧化物。

4. 在 $MgCl_2$ 溶液中滴加少量 NaOH 溶液，现象为________，继续加入过量的 NaOH 溶液，现象为________；在 $AlCl_3$ 溶液中滴加少量 NaOH 溶液，现象为________，继续加入过量的 NaOH 溶液，现象为________。

5. 含有较多 Ca^{2+} 和 Mg^{2+} 的水叫作________；只含有少量或不含 Ca^{2+} 和 Mg^{2+} 的水叫作________。

二、选择题

1. 下列关于铝的叙述中，不正确的是(　　)。

A. 铝属于第ⅢA族元素

B. 铝是地壳里含量最多的金属元素

C. 在常温下，铝不能与氧气反应

D. 铝既能溶于酸，又能溶于强碱溶液

2. 下列既能跟盐酸又能跟氢氧化钠溶液反应产生氢气的单质是(　　)。

A. 镁　　B. 铝　　C. 铁　　D. 铜

3. 铝在空气中能够稳定存在的原因是(　　)。

A. 铝的活泼性差　　B. 铝的还原性差

C. 铝与氧气不反应　　D. 铝表面有氧化膜

4. 常温下能用铝制容器盛放的是(　　)。

A. 浓盐酸　　B. 浓硝酸　　C. 稀硝酸　　D. 稀硫酸

5. 向某溶液中投入铝片后有大量 H_2 放出，则溶液中不可能大量存在的离子是(　　)。

A. Cl^-　　B. H^+　　C. OH^-　　D. HCO_3^-

6. 在溶液中不能与 Al^{3+} 大量共存的离子是(　　)。

A. Cl^-　　B. OH^-　　C. H^+　　D. Na^+

7. 下列关于 $Al(OH)_3$ 的叙述中，不正确的是(　　)。

A. $Al(OH)_3$ 是难溶于水的白色沉淀

B. $Al(OH)_3$ 能吸附水中的悬浮物

C. $Al(OH)_3$ 能溶于氨水

D. $Al(OH)_3$ 属于两性氢氧化物

8. 氢氧化铝可作为治疗某种胃病的内服药，这是利用了氢氧化铝的哪个性质(　　)。

A. 酸性　　B. 碱性　　C. 两性　　D. 氧化性

9. 锅炉长期烧煮硬水结成的锅垢的主要成分是(　　)。

A. $MgCO_3$　　B. $Mg(OH)_2$　　C. $CaCO_3$　　D. $CaSO_4$

三、解答题

1. 家庭用的铝锅为什么不宜用碱水洗涤？为什么不宜用来蒸煮酸性食物？

2. 分别写出铝跟氢氧化钠、稀硫酸起反应的化学方程式，然后再把这两个化学方程式改写成离子方程式。

3. 试用化学方程式表示下列各步反应：

$$Al \longrightarrow Al_2O_3 \longrightarrow AlCl_3 \longrightarrow Al(OH)_3 \longrightarrow NaAlO_2$$

4. 把表面蒙有氧化铝的铝条放在热的强碱溶液里，过一会儿有氢气放出，为什么？写出各步反应的化学方程式。

§2.2　铁

人类使用铁的历史可以追溯到四千五百多年以前，不过那时的铁是从太空掉下的陨铁(其中含铁 90%以上)。我国在商代就开始用铁，在河北、北京、河南的某些地区出土过用陨铁打制的铁刃铜钺。我国最早的人工冶铁制品是甘肃灵台出土的春秋初年秦国的铜柄铁剑，这说明春秋初年我国已掌握了人工冶铁技术。

现在已发现的金属虽然已有 80 多种，但其中应用最广泛、用量最多的还是铁。这是因为铁矿在自然界里分布很广，铁的合金的生产方法比较简单而且具有许多优良性能的缘故。钢铁工业是国家工业的基础，中华人民共和国成立以后，我国的钢铁工业得到了飞速发展。如图 2-5 所示。

图 2-5　城市建设离不开钢铁

2.2.1　铁的性质

纯净的铁是银白色具有金属光泽的金属，质硬，它的密度是 7.86 g/cm^3，熔点是 1 535℃，沸点是 2 750℃。纯铁的抗蚀力相当强，但通常用的铁一般都含有碳和其他元素，因而使它的熔点显著降低，抗蚀力也减弱。铁有延展性和导热性，也能导电，但是它的导电性比铜、铝都差。铁能被磁铁吸引，在磁场的作用下，铁自身也能产生磁性。

在元素周期表中，铁位于第四周期第Ⅷ族。铁在地壳中的含量仅次于氧、硅和铝，居第四位。它是一种历史悠久、应用广泛、用量最大的金属。

铁原子的最外电子层只有 2 个电子，在化学反应中容易失去这 2 个电子而变为亚铁离子：

$$Fe - 2e \longrightarrow Fe^{2+}$$

铁原子也能失去 3 个电子，生成带 3 个单位正电荷的铁离子：

$$Fe - 3e \longrightarrow Fe^{3+}$$

所以，铁通常显 +2 价或 +3 价。

铁是比较活泼的金属，在金属活动顺序表里它排在氢的前面。它能跟许多物质发生化学反应。例如，它能跟氧气及某些非金属单质反应，跟酸、盐溶液反应。

1. 铁跟氧气和其他非金属的反应

常温时，铁在干燥的空气里不易跟氧气反应，但把铁放在氧气里灼烧，就会生成一种黑色的四氧化三铁。

$$3Fe + 2O_2 \xlongequal{\text{点燃}} Fe_3O_4$$

铁还能跟其他非金属反应吗？让我们共同做一个实验。

【实验 2-8】如图 2-6 所示，把一束烧得红热的细铁丝伸到盛有 Cl_2 的集气瓶中，观察现象。把少量水注入集气瓶中，振荡，观察溶液的颜色。

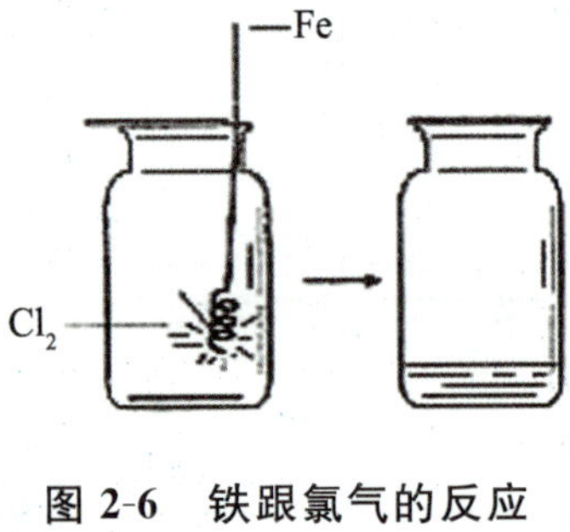

图 2-6　铁跟氯气的反应

我们可以观察到，铁丝在 Cl_2 中燃烧，生成棕黄色的烟，这是 $FeCl_3$ 的小颗粒。加水振荡后，生成黄色溶液。

$$2Fe + 3Cl_2 \xlongequal{点燃} 2FeCl_3$$

加热时，Fe 还能跟 S 起反应：

$$Fe + S \xlongequal{\triangle} FeS$$

思考与交流

试从 Fe 跟 Cl_2、S 反应时化合价变化的不同，讨论这两种非金属单质的氧化性的强弱。

2. 铁跟酸的反应

我们已经知道，铁跟盐酸或稀硫酸起反应，置换出氢气。

$$Fe + 2H^+ \xlongequal{} Fe^{2+} + H_2\uparrow$$

但在常温下，铁遇到浓硫酸、浓硝酸时，则发生钝化，生成致密的氧化物薄膜，这层薄膜可阻止内部金属进一步被氧化。

3. 铁跟盐溶液的反应

铁跟比它活动性弱的金属的盐溶液起反应时，能置换出这种金属。例如，把 Fe 放入 $CuSO_4$ 或 $CuCl_2$ 溶液中时，Fe 被氧化成离子进入溶液，铜离子被还原成铜从溶液中析出，反应的离子方程式为：

$$Fe + Cu^{2+} \xlongequal{} Fe^{2+} + Cu$$

科学视野

未来金属——钛

钛被称为继铁、铝之后的第三金属，也有人说“21 世纪将是钛的世纪”。

钛是一种性能非常优越的金属，它的外观很像钢，具有银灰色的金属光泽，密度小、硬度大、熔点高。钛的化学性质稳定，耐腐蚀，尤其是抵抗海水腐蚀的能力很强。目前钛及钛合金产量的 70% 以上被用于飞机、火箭、导弹、人造卫星和宇宙飞船等领域，只有少量用于冶金、能源、交通、医疗以及石油化工等领域。

钛在地壳中的储量并不少，但为什么目前主要用于尖端领域呢？冶炼钛要在高温下进行，而高温时钛的化学性质变得很活泼，因此，要用惰性气体保护，还要使用不含氧的材料。这对冶炼设备、工艺提出了很高的要求，使得制备或冶炼的成本远高于铁或铝，在一定程度上阻碍了它的发展。随着科学技术的发展，我们相信，当钛的冶炼技术获得突破、成本降低时，钛必将获得更加广泛的应用。

2.2.2 铁的重要化合物

1. 铁的氧化物

铁的氧化物有氧化亚铁(FeO)、氧化铁(Fe_2O_3)和四氧化三铁(Fe_3O_4)等。

FeO 是一种黑色粉末,它不稳定,在空气里加热,就迅速被氧化成 Fe_3O_4。

Fe_2O_3 是一种红棕色粉末,俗称铁红,它可用作油漆的颜料。

Fe_3O_4 是一种复杂的化合物,它是具有磁性的黑色晶体,俗称磁性氧化铁。

铁的氧化物都不溶于水,也不跟水起反应。

FeO 和 Fe_2O_3 是碱性氧化物,它们都能跟酸起反应,分别生成亚铁盐和铁盐。

$$FeO + H_2SO_4 = FeSO_4 + H_2O$$

$$Fe_2O_3 + 6HCl = 2FeCl_3 + 3H_2O$$

Fe_2O_3 在高温下还会和 CO、H_2 等还原剂发生氧化还原反应。

$$Fe_2O_3 + 3CO \xlongequal{\triangle} 2Fe + 3CO_2$$

2. 铁的氢氧化物

铁有两种氢氧化物,它们可分别由相对应的可溶性盐跟碱溶液起反应而制得。

【实验 2-9】在试管里注入少量新制备的 $FeSO_4$ 溶液,用胶头滴管吸取 NaOH 溶液,将滴管尖端插入试管里溶液底部,慢慢挤出 NaOH 溶液,观察发生的现象(图 2-7)。实验后应立即用盐酸、蒸馏水洗净滴管。

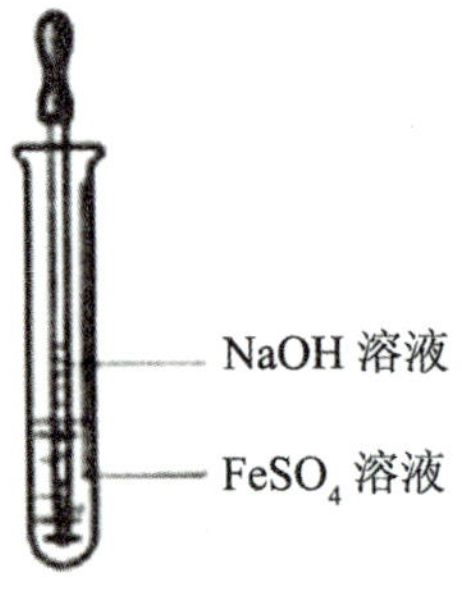

图 2-7 氢氧化亚铁的生成

通过实验我们可以看到,加入 NaOH 溶液后,开始时析出一种白色的絮状沉淀,这是氢氧化亚铁〔$Fe(OH)_2$〕。

$$Fe^{2+} + 2OH^- = Fe(OH)_2 \downarrow$$

生成的白色沉淀迅速变成灰绿色，最后变成红褐色。这是因为白色的 $Fe(OH)_2$（+2 价铁）被空气里的氧气氧化成了红褐色的 $Fe(OH)_3$（+3 价铁）。

$$4Fe(OH)_2 + O_2 + 2H_2O = 4Fe(OH)_3$$

$Fe(OH)_3$ 受热时分解成氧化铁和水。

$$2Fe(OH)_3 \xlongequal{\triangle} Fe_2O_3 + 3H_2O$$

思考与交流

$Fe(OH)_2$ 和 $Fe(OH)_3$ 都是不溶性碱，试写出它们与盐酸反应的离子方程式。

3. Fe^{3+} 离子的检验

【实验 2-10】在两个试管里分别加入 10 mL $FeCl_2$ 溶液和 $FeCl_3$ 溶液，各滴入几滴 KSCN 溶液。观察发生的现象。

通过实验我们看到，Fe^{3+} 遇到 KSCN 溶液变成红色，Fe^{2+} 遇 KSCN 溶液不显红色。我们可以利用这一反应检验 Fe^{3+} 的存在。

$$Fe^{3+} + 3SCN^- = Fe(SCN)_3$$

资料卡片

铜　　盐

铜有多种化合物，由于铜的化学性质不活泼，容易被还原成单质，因此古人很早就掌握了冶炼铜的技术。

在初中我们曾用过硫酸铜，它易溶于水，常用来配制电解液和农药。氯化铜和硝酸铜也都是可溶性的铜盐。铜属于重金属，它的化学性质不活泼，使用铜器皿也比较安全，但它变成化合物后，性质就发生了变化。铜盐溶液都有毒，这主要是由于铜离子能与蛋白质作用使蛋白质变性，蛋白质变性后，就失去了生理活性。

实践活动

铝盐和铁盐的净水作用

在某些地区，井水、河水、池塘水或雨水是生活用水的主要来源。当水比较混浊时，人们就向水缸中加入少量明矾，搅拌。过一段时间，在水缸的底部会出现很多絮状不溶物，而水却变得清澈透明了。让我们也试一试。

把混有少量泥沙的混浊水分装在3支试管中，向其中2支试管中分别加入少量明矾、硫酸铁溶液，振荡。把3支试管都放在试管架上静置，观察现象，进行比较。

	不加试剂	加入明矾	加入硫酸铁溶液
2 min			
5 min			

习题 §2.2

一、填空题

1. 铁位于元素周期表中第________周期、第________族。铁是化学性质比较________的金属。铁原子的最外电子层只有________个电子，在化学反应中容易________个电子而变为亚铁离子。如果铁原子________个电子，则生成铁离子。

2. 铁在地壳中的含量仅次于________、________和________，居第________位。

3. 铁是________色的金属，熔沸点________，具有________性、________性和________性，在磁场的作用下，铁自身也能产生________性。

4. 铁的氧化物有________、________和________等。Fe_2O_3是一种________色粉末，俗称________，它可用作油漆的颜料。

5. 铁的氢氧化物有________和________两种。________是一种白色的沉淀，会被空气里的氧气氧化成红褐色的________沉淀。

6. Fe^{3+}遇到KSCN溶液变成________色，Fe^{2+}遇KSCN溶液不显红色。我们可以利用这一反应检验Fe^{3+}的存在。

二、选择题

1. 在铁与硫酸铜溶液的反应中，(　　)。

A. 铁被还原，该反应属于化合反应

B. 铜被还原，该反应属于分解反应

C. 铁被氧化，该反应属于置换反应

D. 铜被氧化，该反应属于复分解反应

2. 下列化合物不能由单质直接化合而成的是(　　)。

A. $FeCl_2$　　B. $FeCl_3$　　C. FeS　　D. Fe_3O_4

3. 常温下，能在铁制容器中储存的物质是(　　)。

A. 浓盐酸　　B. 氯化铁溶液　　C. 浓硫酸　　D. 硫酸铜溶液

4. 为了检验 $FeCl_2$ 是否变质，可向溶液试样中加入(　　)。

A. NaOH 溶液　　B. 铁片　　C. KSCN　　D. 石蕊试液

5. 有关铁的化合价叙述不正确的是(　　)。

A. 在 Fe_2O_3、$Fe_2(SO_4)_3$、$FeCl_3$ 中铁的化合价都为+3

B. 在 FeO、$FeSO_4$、$FeCl_2$ 中铁的化合价都为+2

C. 在 $Fe(OH)_2$、$Fe(OH)_3$ 中铁的化合价分别为+2、+3

D. 在铁粉中铁的化合价为+2

三、解答题

1. 写出铁跟下列物质起反应的化学方程式或离子方程式。

(1) 氧气；　　(2) 稀硫酸；　　(3) 硫酸铜溶液。

2. 为什么铁跟硫起反应生成的是硫化亚铁，而跟氯气起反应生成的却是氯化铁而不是氯化亚铁？写出有关反应的化学方程式。

3. 试简述在硫酸亚铁溶液中加入氢氧化钠溶液时的反应现象，并写出所发生反应的化学方程式。

§2.3　金属的冶炼

我们主要以金属矿物的综合利用为例，一起认识和体会化学在自然资源开发和利用中的意义和作用。

2.3.1　金属的冶炼

大多数金属在自然界是以化合态存在的，只有极少数的最不活泼的金属

(金、铂)是以游离状态(单质)存在的。完全是金属或金属化合物的矿石是很少的。它们往往和脉石(砂、黏土、石灰石)混合在一起存在于地壳中。矿石中含的脉石量越多,冶炼金属就越不经济。从金属矿石中提炼金属一般需要经过三个步骤:第一步是矿石的富集,除去杂质,提高矿石中有用成分的含量;第二步是冶炼,利用氧化还原反应原理,在一定条件下,用还原剂把金属矿石中的金属离子还原成金属单质;第三步是精炼,采用一定的方法,提炼纯金属。

冶炼金属的方法很多,其实质是用还原的方法,使金属化合物中的金属离子得到电子变成金属原子。由于金属的化学活动性不同,金属离子得到电子还原成金属原子的能力也不同,因此就必须采取不同的冶炼方法。工业上冶炼金属一般用热分解法、热还原法或电解法。

1. 热分解法

排在金属活动性顺序铜以后的几种不活泼金属的氧化物或硫化物,只要在空气中加热,就可以把金属冶炼出来。例如:

$$2Ag_2O \xlongequal{\triangle} 4Ag + O_2\uparrow$$

2. 热还原法

在金属活动性顺序中,从 Al 到 Hg 之间的金属是比较活泼的金属,通常要加入还原剂与矿石共热,才能把金属还原出来。常用的还原剂有 C、CO、H_2 和活泼金属 Al、Mg 等,例如,在实验室中将氧化铜和碳加热时,可以得到铜:

$$CuO + C \xlongequal{高温} Cu + CO\uparrow$$

在炼铁时,鼓风炉内的主要化学反应是用 CO 作还原剂还原赤铁矿(Fe_2O_3),而使铁游离出来:

$$Fe_2O_3 + 3CO \xlongequal{高温} 2Fe + 3CO_2$$

用金属硫化物或碳酸盐矿石作原料时,则需要使其煅烧生成氧化物,然后再用碳还原。

$$2ZnS + 3O_2 \xlongequal{高温} 2ZnO + 2SO_2$$

$$ZnO + C \xlongequal{高温} Zn + CO\uparrow$$

冶炼 Mn、Cr、Ti 等熔点较高的金属时,常用更活泼的金属,如 K、Na、Mg、Al 等作还原剂。例如,用镁还原四氯化钛以制取钛。

$$TiCl_4+2Mg \xlongequal{\text{高温}} Ti+2MgCl_2$$

3. 电解法

在金属活动性顺序中，Al 前面的活泼金属的还原性很强，这些金属都很容易失去电子，因此不能用一般的方法和还原剂使其从化合物中还原出来，而只能用通电分解其熔融盐或氧化物的方法来冶炼。例如：

$$2Al_2O_3(\text{熔融}) \xlongequal{\text{电解}} 4Al+3O_2\uparrow$$

$$2NaCl(\text{熔融}) \xlongequal{\text{电解}} 2Na+Cl_2\uparrow$$

资料卡片

自然资源与可持续发展

广义地讲，所谓自然资源，是指在一定时间、地点的条件下能够产生经济价值的，以提高人类当前和将来福利的自然环境因素和条件的总称。可持续发展的目标是在满足人类需要的同时，强调人类的行为要受到自然界的制约，强调人类代际之间、人类与其他生物种群之间、不同国家和不同地区之间的公平。它包括经济可持续发展、社会可持续发展、资源可持续发展、环境可持续发展和全球可持续发展等。

2.3.2 金属的回收和资源保护

地球上的金属矿产资源是有限的，而且是不能再生的，随着人们的不断开发利用，矿产资源将会日渐减少，如何解决这一难题呢？

金属制品在使用过程中会被腐蚀或损坏，同时由于生产的发展，新的产品要不断替代旧的产品，因而每年就有大量废旧金属产生。废旧金属是一种固体废弃物，会污染环境，应该怎样解决这类问题呢？

最好的解决办法是把上面的两个问题结合在一起考虑，即把废旧金属作为一种资源加以回收利用。这样做，既减少了垃圾量，防止污染环境，又缓解了资源短缺的矛盾。据估算，回收一个铝饮料罐比制造一个新铝饮料罐便宜 20%，而且可节约 95%的能源。

回收的废旧金属大部分可以重新制成金属或它们的化合物再用。例如，废旧钢铁可以用于炼钢，废铁屑等可以用于制铁盐；从电解精炼铜的阳极泥中，可回收金、银等贵金属；从电影业、照相业、科研单位和医院 X 光室回收的定影液中,可以提取金属银。

科学视野

金属陶瓷

火箭、人造卫星及原子能等高科技的发展,对耐高温材料提出了新的要求。人们希望材料既能在高温时保持很高的强度和硬度,能经得起激烈的机械震动和温度变化,又有耐腐蚀和高绝缘性等性能。但无论是高熔点金属还是陶瓷都无法同时满足这些要求。

金属陶瓷是由陶瓷和黏结金属组成的非均质的复合材料。陶瓷主要是 Al_2O_3、ZrO_2 等耐高温氧化物等,黏结金属主要是 Cr、Mo、W、Ti 等高熔点金属。将陶瓷和黏结金属研磨,混合均匀,成型后在不活泼气氛中烧结,就可制得金属陶瓷。

金属陶瓷兼有金属和陶瓷的优点,其密度小、硬度高、耐磨、导热性好,不会因为骤冷或骤热而脆裂。另外,在金属表面涂一层气密性好、熔点高、传热性差的陶瓷涂层,能够防止金属或合金在高温下被氧化或腐蚀。

金属陶瓷广泛地应用于火箭、导弹、超音速飞机的外壳、燃烧室的火焰喷口等处。

习题§2.3

一、填空题

1. 自然界中的大多数金属以________态存在,少数不活泼金属能以________态存在。

2. 在金属活动性顺序中,钾、钠、铝等金属一般常用________法提炼;位于铜以后的金属可用________法提炼;位于中部的金属一般可用________法提炼。

3. 对于废旧金属的最好处理方法是________________。

二、选择题

1. 从石器、青铜器到铁器时代,金属的冶炼体现了人类文明的发展水平,下图表示了三种金属被人类开发利用的大致年限,之所以有先后,主要取决于(　　)。

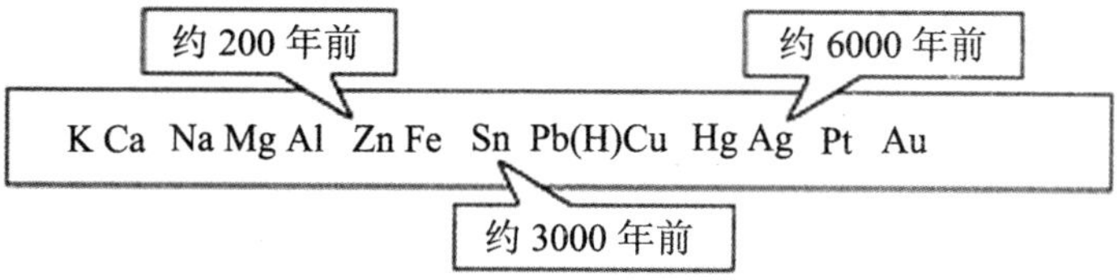

A. 金属的导电性强弱　　B. 金属在地壳中的含量多少

C. 金属的化合价高低　　D. 金属的活动性大小

2. 下列金属冶炼的反应原理，错误的是（　　）。

A. $2NaCl(熔融) \overset{高温}{=\!=\!=} 2Na + Cl_2\uparrow$　　B. $MgO + H_2 \overset{\triangle}{=\!=\!=} Mg + H_2O$

C. $Fe_2O_3 + 3CO \overset{高温}{=\!=\!=} 2Fe + 3CO_2$　　D. $2HgO \overset{\triangle}{=\!=\!=} 2Hg + O_2\uparrow$

三、解答题

1. 金属冶炼的主要化学反应原理是什么？根据金属活动性的大小，金属一般有几种冶炼方法？各举一例说明。

2. 在高炉中把铁矿石冶炼成铁是一个复杂的过程，其主要反应原理可以用 Fe_2O_3 与 CO 的反应来表示，试写出该反应的化学方程式，并指出氧化剂和还原剂。

§2.4 合　　金

在生产和生活中，金属材料几乎无处不在。金属材料的应用曾经有力地推动了社会生产力的发展。新型材料的研制，已成为现代高新技术发展的重要物质基础。

金属材料包括纯金属和它们的合金。合金的种类和性能与成分有关，因为各种成分是可以调节的，所以合金种类繁多，应用极其广泛，如图 2-8 所示。

图 2-8　合金的广泛应用

2.4.1　认识合金

思考与交流

1. 初中曾学过有关合金的一些知识，你还记得什么是合金吗？合金有哪些优良的性能？

2. 你知道合金在生活中有哪些用途吗？举出一些例子。

合金虽是由两种或两种以上的金属(或金属与非金属)熔合而成的具有金属特性的物质，但一般来说，合金的性质并不是各成分金属性质的总和。合金具有许多优良的物理、化学或机械性能，在许多方面不同于各成分金属。例如，合金的硬度一般大于它的纯金属成分，合金的熔点也一般低于它的成分金属。使用不同的原料，改变原料的配比，变更制造合金的工艺等，可以制得具有不同性能的合金，从而可以满足生产及科研工作中的不同用途和要求。因此，尽管目前已经制得的纯金属只有 80 多种，但由这些纯金属(或金属与非金属)制得的合金已达数千种，大大拓展了金属材料的使用范围和价值。

为什么在纯金属内加入其他元素形成合金以后，它的性能与纯金属有很大的差异呢？我们可以从纯金属和合金的结构不同简单加以说明。在纯金属内，所有原子的大小和形状都是相同的，原子的排列十分规整。而合金内加入了其他或大或小的原子(图 2-9)，改变了金属原子有规则的层状排列，使原子层之间的相对滑动变得困难。因此，在一般情况下，合金比纯金属硬度大。

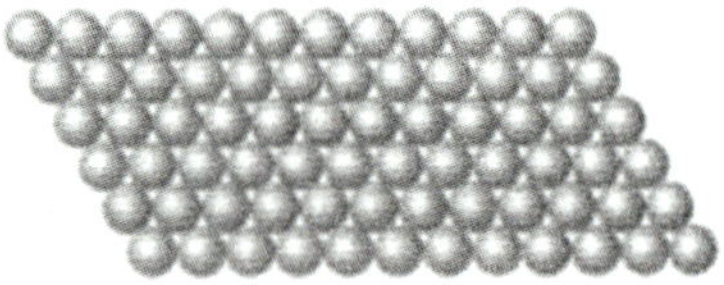

纯金属内原子的排列十分规整

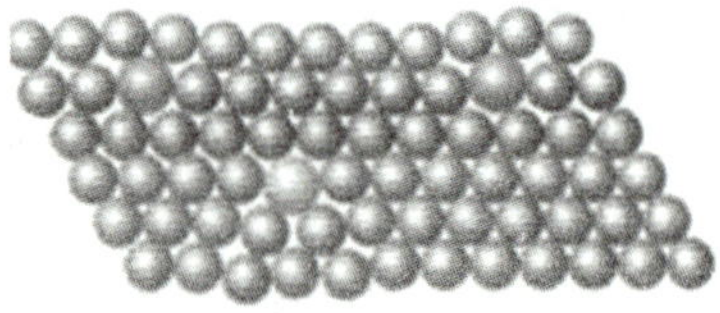

合金内原子层之间的相对滑动变得困难

图 2-9　纯金属与合金的结构比较

2.4.2 使用合金

1. 铝合金和铜合金

铝是地壳中含量最多的金属元素。纯铝的硬度和强度较小，不适于制造机器零件等。向铝中加入少量的合金元素如 Cu、Mg、Si、Mn、Zn 及稀土元素等可制成铝合金，铝合金是目前用途广泛的合金之一。例如，硬铝（一种铝合金）的密度小、强度高，具有较强的抗腐蚀能力，是制造飞机和宇宙飞船的理想材料，如图 2-10、2-11 所示。

图 2-10 高压锅是由铝合金制造的

图 2-11 硬铝常用于制造飞机的外壳

实践活动

通过调查或设计实验，确定易拉罐的主要成分。

青铜是我国使用最早的合金。1939 年在河南安阳殷墟出土的商代后期制作的司母戊（后）鼎，含铜 84.8%、锡 11.6%、铅 2.8%，属于青铜制品。它的工艺精湛，充分体现了我国光辉灿烂的古代科技。铜合金的种类很多，除青铜外，常见的还有黄铜（含锌及少量的锡、铅、铝等）和白铜（含镍、锌及少量的锰）等。

2. 铁合金

生铁和钢是含碳量不同的两种铁碳合金。生铁的含碳量为 2%～4.3%，钢的含碳量为 0.03%～2%。由于含碳量不同，生铁和钢在性能上有很大差异。例如，生铁硬度大、抗压、性脆、可以铸造成型，是制造机座、管道的重要材料；钢有良好的延展性，机械性能好，可以锻轧和铸造，广泛用于制造机械和交通工具等。钢的性能比生铁优越，使用范围远远超过生铁。

钢是用量最大、用途最广的合金，根据其化学成分，可分为两大类：碳素钢和合金钢。分析下表列举的大量事实,是不是能够说明成分金属元素的种类以及含量对合金的性能会产生极大的影响呢?

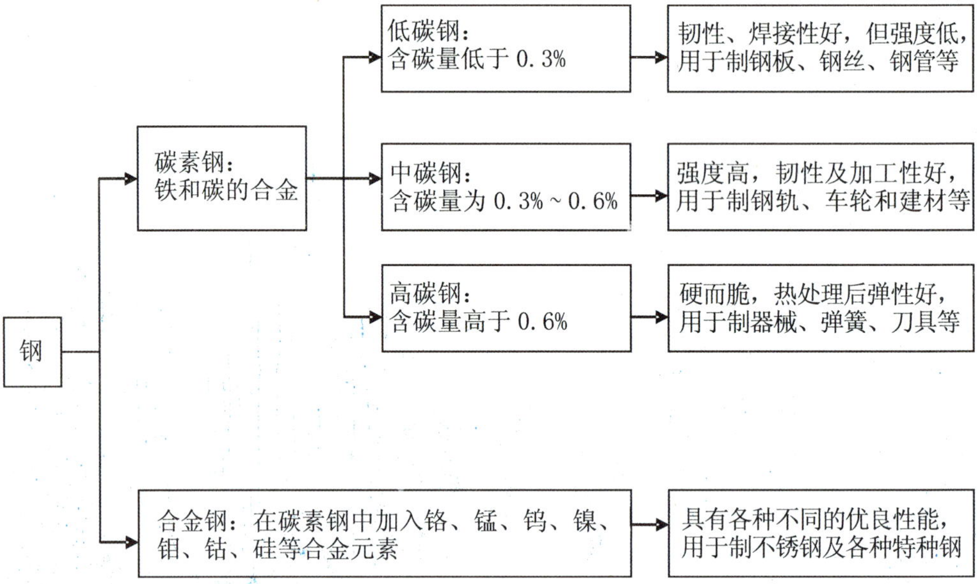

资料卡片

几种常见的合金的组成、性质和用途如表 2-2 所示。

表 2-2　几种常见的合金的组成、性质和用途

名称	组成	主要性质	主要用途
镁铝合金	含有 10%～30%的镁	强度和硬度都比纯铝和纯镁大	火箭、飞机、轮船等制造业
硬铝	含铜 4%、镁 0.5%、锰 0.5%、硅 0.7%	强度和硬度都比纯铝大	火箭、飞机、轮船等制造业
锰钢	含锰 9%～14%	硬度和强度很大	制造粉碎机、球磨机、钢轨
黄铜	含锌 20%～36%,常加入少量锡、铅、铝	有良好的强度和塑性、易加工、耐腐蚀	机器零件、仪表和日用品
青铜	含锡 10%～30%	有良好的强度和塑性、耐磨、耐腐蚀	机器零件如轴承、齿轮等
钛合金	含铝 6%、钒 4%	耐高温、耐腐蚀、高强度	用于宇航、飞机、造船、化学工业
金合金	加入银、铜、稀土元素等	有光泽、易加工、耐磨、耐腐蚀、易导电	金饰品、电子元件、钱币、笔尖

2.4.2 使用合金

1. 铝合金和铜合金

铝是地壳中含量最多的金属元素。纯铝的硬度和强度较小，不适于制造机器零件等。向铝中加入少量的合金元素如 Cu、Mg、Si、Mn、Zn 及稀土元素等可制成铝合金，铝合金是目前用途广泛的合金之一。例如，硬铝（一种铝合金）的密度小、强度高，具有较强的抗腐蚀能力，是制造飞机和宇宙飞船的理想材料，如图 2-10、2-11 所示。

图 2-10　高压锅是由铝合金制造的

图 2-11　硬铝常用于制造飞机的外壳

实践活动

通过调查或设计实验，确定易拉罐的主要成分。

青铜是我国使用最早的合金。1939 年在河南安阳殷墟出土的商代后期制作的司母戊（后）鼎，含铜 84.8%、锡 11.6%、铅 2.8%，属于青铜制品。它的工艺精湛，充分体现了我国光辉灿烂的古代科技。铜合金的种类很多，除青铜外，常见的还有黄铜（含锌及少量的锡、铅、铝等）和白铜（含镍、锌及少量的锰）等。

2. 铁合金

生铁和钢是含碳量不同的两种铁碳合金。生铁的含碳量为 2%～4.3%，钢的含碳量为 0.03%～2%。由于含碳量不同，生铁和钢在性能上有很大差异。例如，生铁硬度大、抗压、性脆、可以铸造成型，是制造机座、管道的重要材料；钢有良好的延展性，机械性能好，可以锻轧和铸造，广泛用于制造机械和交通工具等。钢的性能比生铁优越，使用范围远远超过生铁。

钢是用量最大、用途最广的合金，根据其化学成分，可分为两大类：碳素钢和合金钢。分析下表列举的大量事实,是不是能够说明成分金属元素的种类以及含量对合金的性能会产生极大的影响呢?

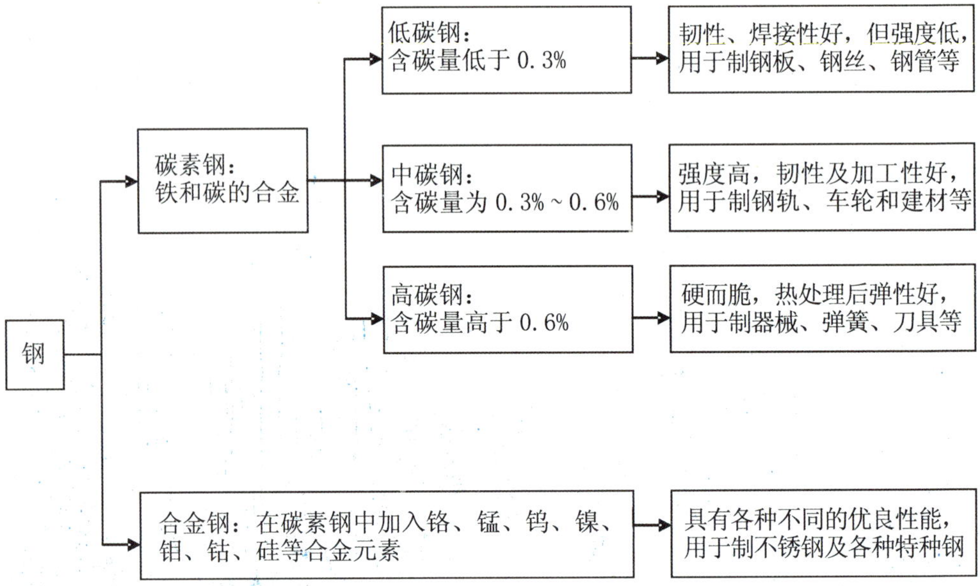

资料卡片

几种常见的合金的组成、性质和用途如表 2-2 所示。

表 2-2 几种常见的合金的组成、性质和用途

名称	组成	主要性质	主要用途
镁铝合金	含有10%~30%的镁	强度和硬度都比纯铝和纯镁大	火箭、飞机、轮船等制造业
硬铝	含铜4%、镁0.5%、锰0.5%、硅0.7%	强度和硬度都比纯铝大	火箭、飞机、轮船等制造业
锰钢	含锰9%~14%	硬度和强度很大	制造粉碎机、球磨机、钢轨
黄铜	含锌20%~36%,常加入少量锡、铅、铝	有良好的强度和塑性、易加工、耐腐蚀	机器零件、仪表和日用品
青铜	含锡10%~30%	有良好的强度和塑性、耐磨、耐腐蚀	机器零件如轴承、齿轮等
钛合金	含铝6%、钒4%	耐高温、耐腐蚀、高强度	用于宇航、飞机、造船、化学工业
金合金	加入银、铜、稀土元素等	有光泽、易加工、耐磨、耐腐蚀、易导电	金饰品、电子元件、钱币、笔尖

24K 金和 18K 金

商店里出售的金首饰，上面都标有 K 数。K 数是表示金的纯度的指标，K 数越高，表示含金量越高，价格也越高。24K 表示含金量达 99.5%以上，这种金很软，强度也较差；18K 表示含金量为 75%左右，这种金比纯金的硬度和强度大；有些钢笔笔尖是 14K 金(含金量 58.3%)，硬度就更大一些，也更耐磨。

3. 新型合金

近年来，为满足某些尖端技术发展的需要，人们又设计和合成了许多新型合金材料。例如，氢能是人类未来的理想能源之一，氢能利用存在两大难题：制取和储存。H_2 是一种易燃易爆的气体，要利用 H_2，关键要解决 H_2 的安全储存和运输问题。一般情况下，H_2 采用气态或液态储存，如在高压下把 H_2 压入钢瓶，但运送笨重的钢瓶既不方便也不安全。储氢合金是一类能够大量吸收 H_2，并与 H_2 结合成金属氢化物的材料。具有实用价值的储氢合金要求储氢量大，金属氢化物既容易形成，稍稍加热又容易分解，室温下吸、放氢的速率快，如 Ti-Fe 合金和 La-Ni 合金等。新型储氢合金材料的研究和开发将为氢气作为能源的实际应用起到重要的推动作用。此外，钛合金、耐热合金和形状记忆合金等新型合金广泛应用于卫星、航空航天、生物工程和电子工业等领域。

实践活动

任选你感兴趣的关于合金的课题进行调查(以下课题供选用)，完成一篇关于合金的小论文。

1. 合金的性能与成分有什么关系？改变某种合金的成分，如增加或减少某一种合金元素的含量，合金的性能会不会改变？

2. 调查某种合金所具有的广泛用途，如铝合金、铁合金或铜合金等。

3. 你经常使用的交通工具是什么(如自行车、汽车或火车)？其中使用了哪些纯金属？使用了哪些合金？

思考与交流

如何选用材料

某家庭准备装修窗户(计划使用 10 年)，可供使用的材料有：木材、钢铁、铝合金、塑钢，请你调查每种材料的性能、价格、制造或安装成本、利弊等，进行综合分析、比较,试着提出一个你认为切实可行的选择方案。

提示

选择材料时,常常要考虑以下几个方面:

- 主要用途
- 外观
- 物理性质(密度、硬度、强度、导电性、导热性)
- 化学性质(对水的作用、耐腐蚀性)
- 价格
- 加工难度
- 日常维护
- 对环境的影响
- ……

实践活动

角色扮演:是否应该停止使用铝质饮料罐?

假如你是以下人员之一,对这一问题有什么看法?请查阅资料并做准备,然后选择角色进行活动。

可能扮演的角色:

- 开采铝矿的工人
- 生产铝质饮料罐的工人
- 饮料公司的老板
- 售货员
- 消费者
- 环保局的官员
- 回收公司的人员
- ……

考虑时可能涉及的部分因素:

- 铝的性质适宜制造饮料罐
- 铝矿的储量较丰富
- 铝废弃后会污染环境
- 使用铝质饮料罐很方便

- 开采铝矿会对环境造成破坏
- 可以用玻璃瓶代替铝质饮料罐
- 可以循环使用铝质饮料罐
- ……

资料卡片

用途广泛的稀土金属

在金属元素中，有一类性质相似、并在自然界共生在一起的稀土元素，它们是周期表中原子序数从 57～71(从镧至镥，称为镧系元素)的 15 种元素以及钇和钪，共 17 种元素。它们在科技、生产中有广泛的用途，被誉为新材料的宝库。我国拥有丰富的稀土资源，占世界稀土资源的 80%左右。例如，内蒙古地区储藏有丰富的稀土矿石，是生产稀土金属的重要基地。

由于稀土金属元素的物理性质和化学性质都极为相似，它们在矿石中总是共生在一起，冶炼工艺冗长而复杂。不仅分离流程长，能耗高，产生的污染物也多。一般包含矿石浮选、精矿分解(酸法或碱法)以及分离(常用液相萃取法)等几个步骤。高效萃取剂的合成和自动化技术在分离工序中的应用，促进了稀土金属、稀土氧化物及盐类的生产。

稀土金属有着广泛的用途，它既可以单独使用，也可用于生产合金。在合金中加入适量稀土金属，能大大改善合金的性能。因而，稀土元素又被称为冶金工业的维生素。例如，在钢中加入一些稀土元素，可以增加钢的塑性、韧性、耐磨性、耐热性、抗氧化性和抗腐蚀性等。因此，稀土金属广泛应用在冶金、石油化工、材料工业(电子材料、荧光材料、发光材料、永磁材料、超导材料、染色材料、纳米材料、引火合金和催化剂等)、医药及农业等领域。

科学视野

元素与人体健康

人体中含有大量的化学元素，这些元素中绝大多数都是人体健康和生命所必需的元素。如 H、C、N、O、Na、Mg、P、S、Cl、K、Ca 等含量较高的元素以及 B、F、Si、Cr、Mn、Fe、Co、Ni、Cu、Zn、Se、Br、Mo、Sn、I 等含量甚微的元素。

人体中若含有机体不需要的元素，则会危害身体健康甚至危及生命，如铅。铅不是人体必需的元素，由于环境和食品的污染，铅可通过呼吸道和消化道等进入人体。进入人体的铅积蓄于体内不能全部排出体外,故引起铅中毒。由于铅中毒会导致心血管病、脑出血、肾炎等的发生,还可能引起骨骼的变化。

食品加工厂的设备和器皿,如有铅涂层的设备,含铅的陶器、搪瓷和釉药,含铅的锡制品等都可能造成铅对食品的污染。以前在制作锡的器皿时,常加入40%~60%的铅。这样的器皿若用来盛酒,铅会溶于酒中;若用来盛醋,则铅会与醋酸作用生成可溶性的醋酸铅随醋的食用而进入人体(其实铅溶于酒主要也是因为酒特别是米酒中含有醋),这就会引起铅中毒。1970年,加拿大有一名两岁的儿童,因连续二十多天饮用装在彩釉壶中的苹果汁而死亡,后经查明是由于铅中毒。1983年春节期间,我国江苏某镇500多人因饮用盛在锡壶中的米酒而中毒,经查明该锡壶中含铅高达90%。

因此,应该尽量防止人体不需要的元素进入人体,保护身体健康。

根据元素在人体内含量的不同,人体内必需的元素可分为常量元素如H、C、N、O、Na、Mg、P、S、Cl、K、Ca等;微量元素如B、F、Si、V、Cr、Mn、Fe、Co、Ni、Cu、Zn、Se、Br、Mo、Sn、I等。常量元素是组成机体的重要成分。而微量元素中则多位于元素周期表的第四周期,且多为过渡元素。这些元素大多具有可变氧化值,它们可能在机体内参与各种酶的氧化还原作用,不仅参与酶的组成、而且参与酶的激活,是酶中不可缺少的成分。在人的新陈代谢活动中,酶是生物催化剂,它在很大程度上决定着体内反应的速率。有学者估计,如果消化道中没有酶,消化一顿饭可能需要50年的时间。

人体内大约有上千种酶,其中60%以上的酶含有微量元素。人体中微量元素的含量极微,均低于0.01%。它们均有一定的、适宜的浓度范围,高于或低于这个范围都会引起疾病。下表是一些微量元素对人体的影响如表2-3所示。

表2-3 一些微量元素对人体的影响

微量元素	功能	对人体的影响		来源
		过多	缺乏	
铁	储存和输送氧	青年智力发育缓慢、肝变硬	缺铁性贫血、龋齿、无力	肝、肉、蛋、水果、绿叶蔬菜

续表

微量元素	功能	对人体的影响		来源
		过多	缺乏	
铜	胶原蛋白和许多酶的重要成分	类风湿关节炎、肝硬化、精神病	低蛋白血症、贫血、心血管受损、冠心病	干果、葡萄干、葵花籽、肝、茶等
锌	控制代谢酶的活性部位	头昏、呕吐、腹泻、皮肤病	贫血、高血压、食欲不振、味觉差、伤口难愈合、早衰、侏儒	肉、蛋、奶、谷物
锰	许多酶的活性部位	头昏、昏睡、精神病	软骨畸形、营养不良	干果、粗谷物、核桃、板栗、菇类
碘	甲状腺中控制代谢过程	甲状腺肿大、呆滞	甲状腺肿大、疲怠	海产品、奶、肉、水果
钴	维生素 B_{12} 核心	心脏病、红细胞增多	贫血、心血管病	肝、瘦肉、奶、蛋、鱼
铬	使胰岛素发挥正常功能、调节血糖	肺癌、鼻膜穿孔	糖尿病、糖代谢反常、心血管病	一切动物、植物
钼	染色体有关酶的活性部位	痛风症	龋齿、肾结石、营养不良	豌豆、谷物、肝、酵母
硒	正常肝功能必需酶的活性部位	头病、精神错乱、肌肉萎缩乃至中毒致命	心血管病、克山病、肝病、易诱发癌症	日常饮食、井水

微量元素化学是一门新兴的综合性边缘学科，它是生物无机化学的一个重要分支。人的生老病死无不与微量元素有关，微量元素与人体健康的关系是生命科学中一个活跃的研究领域。微量元素在人体中含量极微，除了认为微量元素是酶的不可缺少的成分、参与酶的组成和激活酶外，微量元素的一些其他必要性和生理功能目前尚难确知。

微量元素对人体必不可少，但绝不可以任意增多，它们在人体内必须保持一种特殊的平衡状态。一旦平衡被破坏，就会影响健康。某种微量元素对人体是有益还是有害也是相对的，关键在于适量。微量元素多少才是适量，它们在人体内的生理功能及形成的化合物的结构如何等，都是微量元素与人体健康的关系的重要研究课题。

习题§2.4

一、填空题

1. 合金是一类用途广泛的金属材料，合金具有许多优良的________、________或________性能，在许多方面优于各成分金属。合金的硬度一般比它的各成分金属的________，多数合金的熔点一般也比它的各成分金属的______。使用不同的________，改变________，变更________等，可以制得具有不同性能的合金。

2. 在我国，使用最早的合金是________。

3. 目前用量最大、用途最广泛的合金是________，根据其化学成分，可分为________和________两大类。

二、选择题

1. 下列所用的材料不属于合金的是(　　)。

A. 家用的铝窗　　B. 建筑用的钢筋

C. 铸造用的黄铜　　D. 温度计用的水银

2. 生铁是一种碳素钢，其与足量的稀硫酸反应后会留有残渣，残渣的主要成分是(　　)。

A. C　　B. $FeSO_4$　　C. $Fe_2(SO_4)_3$　　D. Fe

3. 工业上用于制造刀具、模具的材料通常是(　　)。

A. 纯铁　　B. 低碳钢　　C. 中碳钢　　D. 高碳钢

三、解答题

1. 试分析钢铁、铝、铜等能够成为大量使用的金属材料的原因。

2. 制造高压电缆的线材有以下几种：铜线、铝线、钢芯铝线。试分析它们的共性和特性。金属的哪些性质决定了它们可用于制造电缆？

3. 铜钱是古代常用的货币，是用铜或铜合金铸造的。目前市场上流通的人民币硬币的材质有铝合金、铜合金和不锈钢，也有钢芯镀镍、钢芯镀铜合金等。查阅资料，讨论制造货币选材时应考虑哪些因素。

4. 观察一些金属制品，这些制品分别是由哪些金属制成的？为什么选用这些金属来制造？从中你能否总结出人们在选用材料时主要考虑什么。

5. 你家中有哪些金属制品？各含有哪些金属？它们的使用寿命如何？

废旧金属制品是如何处理的？

归纳与整理

一、铝及其重要化合物之间的转化关系

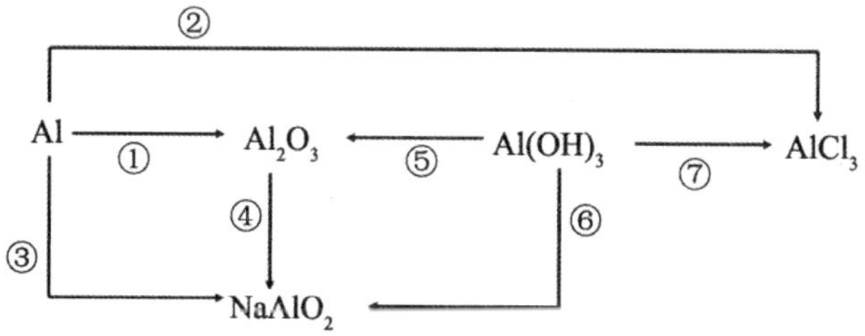

二、铁及其重要化合物之间的转化关系

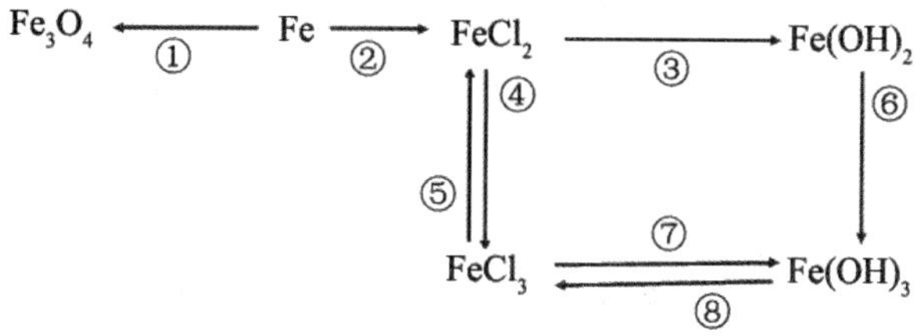

三、Fe^{3+}离子的检验

Fe^{3+}跟 SCN^- 反应生成红色的 $Fe(SCN)_3$。

四、金属的冶炼

冶炼金属的方法很多，其实质是用还原的方法，使金属化合物中的金属离子得到电子变成金属原子。由于金属的化学活动性不同，金属离子得到电子还原成金属原子的能力也不同，因此就必须采取不同的冶炼方法。工业上冶炼金属一般用热分解法、热还原法或电解法。

五、合金

合金是由两种或两种以上的金属（或金属跟非金属）熔合而成的具有金属特性的物质。合金具有许多良好的物理、化学或机械的性能，在许多方面

优于各成分金属。

复 习 题

一、填空题

1. 地壳中含量最多的元素是________,含量最多的金属元素是________。由这两种元素组成的化合物溶于烧碱溶液中的化学方程式是________________________;溶于盐酸溶液中的化学方程式是________________。

2. 铝原子的原子结构示意图为________。铝既能与________反应,又能与________反应,是一种两性元素。

3. 将烧至红热的铁丝放入盛满氯气的集气瓶中,发生剧烈的化学反应,生成________。反应完毕后,向瓶中倒入少量的蒸馏水,振荡,溶液的颜色为________。

二、选择题

1. 常温下不能与铝反应的物质是(   )。

A. 氧化铁　　B. 烧碱溶液

C. 硫酸铜溶液　　D. 稀盐酸

2. 为了除去铁粉中的少量铝粉,可以选取下列哪种溶液(   )。

A. 浓盐酸　　B. 浓硝酸

C. 浓硫酸　　D. 浓氢氧化钠溶液

3. 将表面已完全钝化的铝条,插入下列溶液中,不会发生反应的是(   )。

A. 稀硝酸　　B. 稀盐酸

C. 硝酸铜　　D. 氢氧化钠

4. 只用下列试剂中的一种,就能将氯化钾、氯化镁、硫酸铝和硫酸铁溶液区别出来,这种试剂是(   )。

A. $NaOH$　　B. HCl

C. $AgNO_3$　　D. $BaCl_2$

5. 下列物质中既能跟稀 H_2SO_4 反应,又能跟 $NaOH$ 溶液反应的是(   )。

① $NaHCO_3$　② Al_2O_3　③ $Al(OH)_3$　④ Al

A. ③④　　B. ②③④

C. ①③④　　D. 全部

6. 在实验室里，要想使 $AlCl_3$ 溶液中的 Al^{3+} 全部沉淀出来，应选用下列试剂中的（　　）。

A. 石灰水　　B. 氢氧化钠溶液

C. 氨水　　D. 硫酸

7. 下列有关铁的描述中，不正确的是（　　）。

A. 铁是银白色金属，在冶金工业上，把它划为黑色金属

B. 铁位于元素周期表中第四周期第Ⅷ族

C. 在化合物中，铁通常表现为 +2、+3 价

D. 铁丝在氯气中燃烧时生成 $FeCl_2$

8. 铁和下列物质反应，能生成 +3 价化合物的是（　　）。

①O_2　②S　③HCl　④$CuCl_2$　⑤HNO_3　⑥溴

A. ①②⑤　　B. ①⑤⑥

C. ①④⑥　　D. ①③⑤

三、解答题

1. 用含有 Ag^+、Al^{3+}、Ca^{2+}、Mg^{2+} 等四种阳离子的溶液做如下实验，试填写下列的空格并写出各步反应的离子方程式。

（1）往这种溶液里加入稀盐酸生成________的沉淀。

（2）把（1）所得的液体过滤，往滤液里加入氨水，使溶液呈碱性，又产生________和________的沉淀。

（3）把（2）所得的液体过滤，往滤液里加入碳酸钠，又会产生________的沉淀。

（4）把（2）所得的沉淀中加入稀盐酸，沉淀________。再加入足量的氢氧化钠溶液，这时生成的沉淀________。

2. 在铝制易拉罐中收集一满罐 CO_2，加入过量的浓氢氧化钠溶液，立即把口封闭。可以发现易拉罐“咔咔”作响，并变瘪了；过一会儿后，易拉罐又会作响并鼓起来。解释这是为什么并写出有关反应的化学方程式。

第3章　电化学基础

电化学是研究化学能和电能相互转化的一门科学。电化学原理在生产、科学研究及日常生活中起着重要的作用。例如，工业上怎样生产氯气、烧碱、纯铜等物质？怎样获得既美观又能防腐的电镀产品？汽车上的电瓶为什么能提供电流？宇宙火箭、空间电视转播台中用的是什么电源？金属为什么会生锈？这些都要用电化学理论来解释。

§3.1　原　电　池

3.1.1　原电池

氧化还原反应的本质是反应物之间发生了电子的转移。那么是否可以通过氧化还原反应来获得电流呢？

锌与稀硫酸反应是一个氧化还原反应，它的离子方程式是：

$$Zn + 2H^+ = Zn^{2+} + H_2\uparrow$$

我们看到的是锌片上有少量气泡逸出，同时锌片不断溶解。这是由于锌和硫酸直接接触，把电子转移给 H^+，Zn 被氧化成 Zn^{2+} 而进入溶液；而溶液中 H^+ 获得电子被还原成氢气逸出。反应中释放的化学能完全转化为热能，表现出溶液温度升高，但无法获得电能。

【实验 3-1】把一块锌片和一块铜片平行地插入盛有稀硫酸的烧杯里，可以看到锌片上有气泡产生，铜片上没有气泡产生。再用导线把锌片和铜片连接起来(图 3-1)，观察铜片上有没有气泡产生。在导线中间接入一个灵敏电流计，观察电流计的指针是否偏转。

实验结果表明，用导线连接后，锌片不断溶解，铜片上有气泡产生。电流计的指针发生偏转，这说明导线中有电流通过。

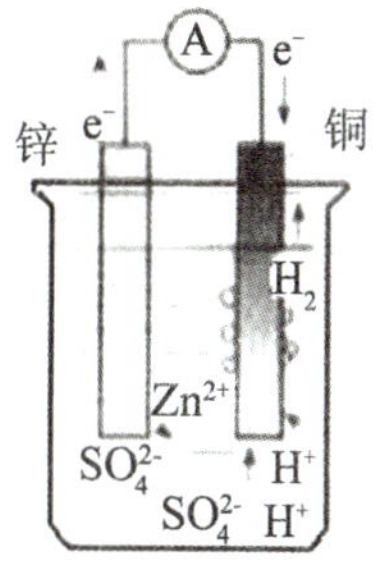

图 3-1　原电池示意图

电流是如何产生的呢？原来，当把用导线连接的铜片和锌片一同浸入稀硫酸时，由于 Zn 比 Cu 活泼，容易失去电子，Zn 被氧化成 Zn^{2+} 而进入溶液，电子由锌片通过导线流向铜片，溶液中的 H^+ 从铜片获得电子被还原成氢原子，氢原子结合成氢分子从铜片上放出。这一变化过程可以表示如下：

$$锌片：Zn-2e=\!=\!=Zn^{2+}（氧化反应）$$

$$铜片：2H^{+}+2e=\!=\!=H_2\uparrow（还原反应）$$

$$总反应：Zn+2H^{+}=\!=\!=Zn^{2+}+H_2\uparrow$$

这个实验证明，上述氧化还原反应确实因电子的转移而产生电流。这种借助氧化还原反应把化学能直接转化为电能的装置叫作**原电池**。在原电池中，电子流出的一极是负极（如锌片），电极被氧化。电子流入的一极是正极（如铜片），H^+ 在正极上被还原。在原电池中的氧化还原反应和通常的氧化还原反应有所不同，在原电池反应中，电子不是由还原剂直接传递给氧化剂，而是经过导线传递的。电子沿着导线定向流动产生电流。

一般来说，任何氧化还原反应都能组成原电池。例如，将两种活动性不同的金属放入电解质溶液中，两种金属之间用导线连接就能组成原电池。较活泼的金属为负极，较不活泼的金属为正极。当铜片和银片平行插入 $AgNO_3$ 溶液中，铜片和银片之间用导线连接，导线中就有电流通过，就组成了原电池。在这个原电池中，铜片是负极，发生氧化反应；银片是正极，发生还原反应。

$$负极：Cu-2e=\!=\!=Cu^{2+}$$

$$正极：Ag^{+}+e=\!=\!=Ag$$

$$总反应：Cu+2Ag^{+}=\!=\!=Cu^{2+}+2Ag$$

更广泛地说，一种金属和一种能导电的物质（如碳），放入电解质溶液中，若能发生氧化还原反应，也能组成原电池。例如，将铁片和碳棒平行插入稀盐酸中，铁片和碳棒之间用导线相连就组成原电池。在此原电池中，铁片是负极，发生氧化反应；碳棒是正极，发生还原反应。

$$负极：Fe-2e = Fe^{2+}$$

$$正极：2H^{+}+2e = H_2\uparrow$$

$$总反应：Fe+2H^{+} = Fe^{2+}+H_2\uparrow$$

利用原电池原理可以制作多种电池。如干电池、蓄电池、充电电池、高能电池等，以满足不同的需要。在现代生活、生产和科学技术的发展中，电池发挥着越来越重要的作用，大至宇宙火箭、人造卫星、空间电视转播站、飞机、轮船，小至电脑、收音机、照相机、电话、助听器、电子手表、心脏起搏器等，都离不开各种各样的电池，如图 3-2 所示。

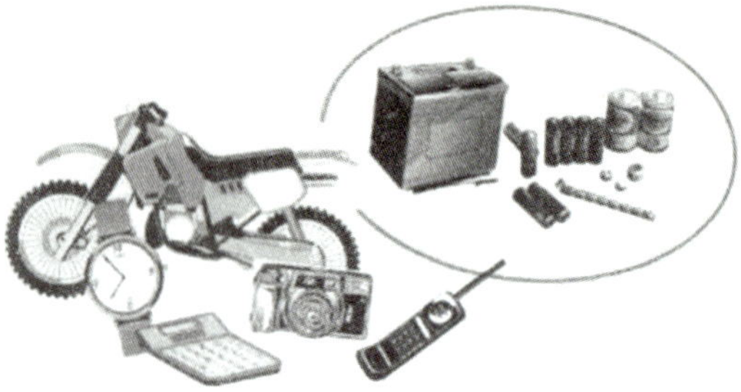

图 3-2　电池的用途

科学探究

目标：根据已具备的氧化还原反应知识和电学知识，利用提供的实验用品，设计一套电池装置。

用品：镁条、铜片、铁片、导线、金属夹、手电筒用小灯泡(或发光二极管)、果汁(橙汁、苹果汁、柠檬汁等)、500 mL 烧杯。

方式：最好先独立设计，并动手实验，边做边改进。也可以与邻座同学相互讨论和观摩，或请教师指导。

设计及记录：

实验用品及操作	实验现象	结论

思考与交流

通过以上实验和探究，试说明化学电池由哪几部分构成，各起什么作用。

3.1.2　金属的电化学腐蚀

生活经验告诉我们，有些金属制品在使用一段时间以后，会失去表面的光泽，严重的会变得锈迹斑斑，影响使用。尤其是钢铁制品，在潮湿的空气中，很容易生锈，这实际上是一种被叫作金属腐蚀的现象。

金属腐蚀是指金属或合金与周围接触到的气体或液体进行化学反应而腐蚀损耗的过程。金属的腐蚀现象非常普遍，除钢铁生锈外，其他金属也能发生腐蚀，如铝制品接触咸的物质后表面会出现白色斑点，铜器使用时间长了会长出铜绿等。

金属发生腐蚀后，在外形、色泽以及机械性能等方面都将发生变化，以致机器设备、仪器仪表的精密度和灵敏度大大降低，甚至不能使用而报废。据估计，每年由于腐蚀而直接损耗的金属材料，约占金属年产量的10%。因此，了解金属腐蚀的原因和金属防护的方法对提高企业的经济效益有重大意义。

要想防止金属腐蚀，首先要了解金属为什么会被腐蚀。

金属腐蚀的本质，是金属原子失去电子变成阳离子的过程。也就是说，金属在腐蚀过程中，发生了氧化还原反应。

由于与金属接触的介质不同，发生腐蚀的情况也不同，一般可分为化学腐蚀和电化学腐蚀。

1. 化学腐蚀

金属跟接触到的物质(如 O_2、Cl_2、SO_2 等)直接发生化学反应而引起的腐蚀叫作**化学腐蚀**。这类反应比较简单，仅仅是金属跟氧化剂之间的氧化还原反应。例如，铁跟氯气直接反应而腐蚀等。

$$2Fe+3Cl_2 = 2FeCl_3$$

温度对化学腐蚀的影响很大。如钢材在常温下和干燥的空气中并不腐蚀，但是在高温下容易被氧化生成铁的氧化物(FeO、Fe_2O_3 或 Fe_3O_4)。

2. 电化学腐蚀

当金属和电解质溶液接触时，由于电化学作用引起的腐蚀叫**电化学腐蚀**。它和化学腐蚀不同，是由于形成了原电池而引起的。在腐蚀电池中，负极发生氧化反应，正极发生还原反应。

发生电化学腐蚀时，活泼金属作为负极失去电子而被腐蚀；正极为不活泼金属,电解质的阳离子在正极得电子,被还原。含有杂质的金属在电解质溶液存在下也能组成原电池。例如,对于钢材来说,除了铁以外还含碳等杂质,这些杂质也能导电。当钢材暴露在潮湿的空气中,钢材表面吸附水,而水能电离出少量的 H^+ 和 OH^-,如果空气中酸性物质比较多(如 CO_2、SO_2 等),会使 H^+ 浓度增大。

$$CO_2 + H_2O \rightleftharpoons H_2CO_3 \rightleftharpoons H^+ + HCO_3^-$$

$$SO_2 + H_2O \rightleftharpoons H_2SO_3 \rightleftharpoons H^+ + HSO_3^-$$

这样 Fe 和杂质就像放在含有 H^+、OH^-、HCO_3^-、HSO_3^- 的溶液中一样,形成了原电池(图 3-3)。

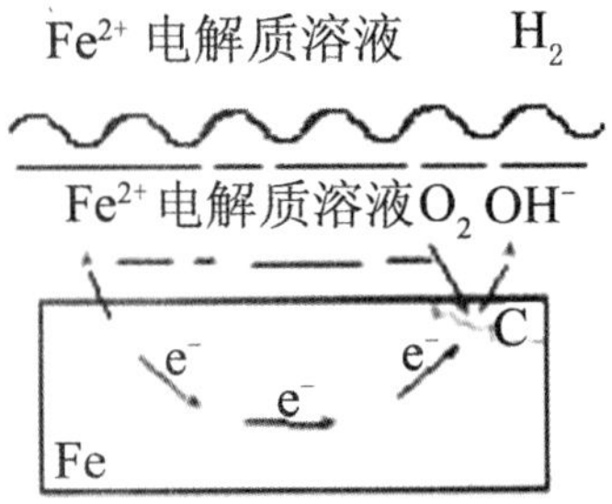

图 3-3 钢铁的电化学腐蚀示意图

在这个腐蚀电池中,Fe 为负极,杂质为正极。此时在两极上发生如下反应:

$$\text{负极(铁)}: Fe - 2e = Fe^{2+}$$

$$\text{正极(杂质)}: 2H^+ + 2e = H_2\uparrow$$

$$\text{总反应}: Fe + 2H^+ = Fe^{2+} + H_2\uparrow$$

电化学腐蚀是造成钢铁腐蚀的主要原因。

3. 金属的防护

影响金属腐蚀的因素主要是两个方面,即金属的本性和外界的介质。因此对金属的防腐也要从这两个方面来考虑。常用防腐方法有如下几种。

(1) 制成耐腐蚀的合金

一般根据不同的用途选择不同金属制成合金。大家熟悉的不锈钢是其中的一种。它是由铁、铬组成的合金,具有较强的耐腐蚀性能。

(2) 保护层法

考虑外界介质的因素,可以在金属表面涂上油脂、油漆、搪瓷、玻璃、橡胶、沥青等涂料,使金属与外界的介质隔绝。此外,还可以在金属表面镀上一层耐腐蚀的金属，我们生活中接触到的马口铁（镀锡铁）、白铁皮（镀锌铁）等都是常见的例子，另外镀铬、镀镍也是常用的方法。

（3）缓蚀剂法

在腐蚀性介质中，加入少量能减小腐蚀速度的物质以防止金属腐蚀的方法叫作缓蚀剂法。其中有无机和有机缓蚀剂两种。例如，为了保护铁，可用 $Ca(HCO_3)_2$ 作为缓蚀剂，因为它能在碱性介质中形成 $CaCO_3$ 沉淀，吸附在铁的表面后起保护作用。

$$Ca^{2+}+2HCO_3^-+2OH^- = CaCO_3\downarrow+CO_3^{2-}+2H_2O$$

由于硬水中含有 $Ca(HCO_3)_2$，所以铁在硬水中耐腐蚀。

（4）电化学保护法

就是将被保护的金属作为原电池的正极，用一些活泼的金属作负极，形成原电池，这样以牺牲活泼金属（铝、锌和它们的合金）来保护被保护的金属。这种方法在轮船外壳、锅炉和海底设备广泛使用。

家庭小实验

在一瓣橘子上相隔 0.5 cm 分别插一小段铜片和铝片，把铜片和铝片的另一端通过导线接触耳机的两极，试试能否听到“嘎嘎”声。能够从耳机中听到“嘎嘎”声，说明了什么？用其他金属、水果、液体再试一试。

科学视野

微型燃料电池

燃料电池是一种高效、环境友好的发电装置。燃料电池具有能量转化率高等很多优点，但由于其输出的电压比较低，一般需要将若干个电池串联起来使用，体积较大；又由于要连续不断地供给反应物，排除生成物，附属设备较多。这是到目前为止燃料电池未能应用于便携式电子产品的重要原因。

科学家近年来研制出一种微型的燃料电池。这种电池的底面积只有约 6.5 cm^2，厚度小于 0.2 cm，用储存在电池内的甲醇作燃料，并用特殊电路将低电压转换成较高电压。

采用甲醇取代氢作燃料，可以简化电池的设计，不需要使用空气泵、热交换器，以及其他复杂的装置，可以十分方便地安装在各种电子产品内。这种电池的能量密度远高于传统充电电池，预计几年后大量生产时，体积将进一步缩小，价格也将低于目前的充电电池，有望取代传统电池，用作各种电子产品的电源，例如移动电话、便携式电脑、照相机以及电子游戏机等。

实践活动

1. 调查市场常见电池的种类、应用和回收价值。
2. 查阅有关防治钢铁腐蚀方法的资料并交流。

习题 § 3.1

一、填空题

1. 原电池是一种把________能直接转化为________能的装置。在原电池中，较活泼的金属发生________反应，是________极；活动性较差的金属极上发生________反应，是________极。

2. 金属的腐蚀分为________腐蚀和________两大类。

3. 防止金属腐蚀的方法主要有________、________、________、________等。

4. 钢铁表面容易发生腐蚀，发生腐蚀时，铁是________极，电极反应式为________________；杂质碳是________极，电极反应式为________________。

5. 用铜、银和硝酸银溶液设计一个原电池，这个原电池的负极是________，电极反应式为________________。

6. 由铜、锌和稀硫酸组成的原电池中：锌是________极，电极反应式是________________。铜是________极，电极反应式是________________。在铜极上可以观察到____________________（填实验现象）。

二、选择题

1. 下列说法正确的是（　　）。

A. 原电池是把电能转化为化学能的装置

B. 原电池中电子流出的一极是正极，发生氧化反应

C. 原电池两极均发生氧化还原反应

D. 原电池中的阳离子向正极移动

2. 钢铁发生腐蚀时，正极上发生的反应为（　　）。

A. $Fe-2e = Fe^{2+}$　　B. $Fe^{2+}+2e = Fe$

C. $2H^{+}+2e = H_2\uparrow$　　D. $Fe^{3+}+e = Fe^{2+}$

3. 下列几种铁板，在镀层被破坏后，最耐腐蚀的是（　　）。

A. 镀锌铁板　　B. 镀铜铁板

C. 镀锡铁板　　D. 镀铅铁板

4. 化学电池可以直接将化学能转化为电能，化学电池的本质是（　　）。

A. 化合价的升降　　B. 电子的转移

C. 氧化还原反应　　D. 电能的储存

5. 对于锌、铜和稀硫酸组成的原电池，下列有关说法不正确的是（　　）。

A. Zn 极发生氧化反应　　B. 电流的方向为由 Zn 到 Cu

C. 溶液中 H^{+} 向 Cu 极移动　　D. Cu 极上冒气泡

6. 下列各组材料中，不能组成原电池的是（　　）。

	A	B	C	D
两极材料	锌片、石墨	铜片、银片	锌片、铜片	铁片、铜片
插入溶液	H_2SO_4 溶液	$AgNO_3$ 溶液	蔗糖溶液	稀盐酸

7. A、B、C 都是金属，A 中混有 C 时，A 先腐蚀；A 与 B 组成原电池时，A 为电池的正极。A、B、C 三种金属的活动性顺序为（　　）。

A. A>B>C　　B. A>C>B

C. B>A>C　　D. B>C>A

三、解答题

1. 什么叫化学腐蚀？什么叫电化学腐蚀？举例说明金属腐蚀的危害。

2. 将铁片和锌片分别浸入稀硫酸中，它们都被溶解，并放出氢气。如果将两种金属同时浸入稀硫酸中，两端用导线连接，这时有什么现象发生？是否两种金属都溶解了？氢气在哪一片金属上析出？试说明理由。

§3.2　电　　解

我们已经知道，在原电池反应中，化学能转变成电能。本节要讨论的是如何使电能转变为化学能的过程。即当电流通过电解质溶液时所发生的化学反应,以及这些反应在工业生产中的实际应用。

3.2.1 电解的原理

电流通过电解质溶液或熔化的电解质时,引起的氧化还原反应的过程,叫**电解**。电解是一种电能转变为化学能的过程。进行电解的装置叫**电解池**或电解槽。在电解池中,与外直流电源正极相连的极叫阳极,发生氧化反应;与外直流电源负极相连的极叫阴极,发生还原反应。

【实验 3-2】 在一个 U 形管中注入 $CuCl_2$ 溶液,插入两根石墨棒作电极(图 3-4),把湿润的碘化钾淀粉试纸放在与电池正极相连的电极附近。接通直流电源,观察 U 形管内发生的现象及试纸颜色的变化。

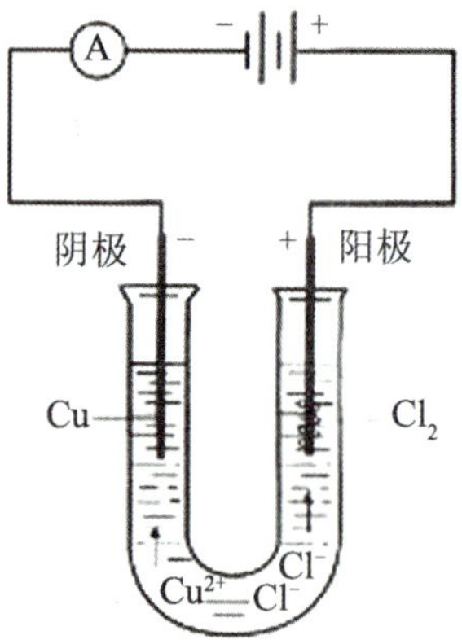

图 3-4 电解 $CuCl_2$ 溶液装置示意图

通过实验可以观察到,接通直流电源后,电流表指针发生偏转,阴极石墨棒上逐渐覆盖了一层红色物质,这是析出的金属铜;在阳极碳棒上有气泡放出,并可闻到刺激性的气味,同时看到湿润的碘化钾淀粉试纸变蓝,可以断定,放出的气体是 Cl_2。这个实验告诉我们,$CuCl_2$ 溶液受到电流的作用,在导电的同时发生了化学变化,生成了 Cu 和 Cl_2。

$CuCl_2$ 溶液在电流的作用下为什么会分解生成 Cu 和 Cl_2 呢?

这是因为,$CuCl_2$ 是强电解质,在水溶液中电离生成 Cu^{2+} 和 Cl^-:

$$CuCl_2 = Cu^{2+} + 2Cl^-$$

通电前,Cu^{2+} 和 Cl^- 在溶液里自由地移动(如图 3-5 Ⅰ 所示);通电后,在电场的作用下,这些自由移动的离子,改做定向移动。带负电的阴离子向阳极移动,带正电的阳离子向阴极移动(如图 3-5 Ⅱ 所示)。在阳极,Cl^- 失去电子被氧化成氯原子,并两两结合成 Cl_2,从阳极放出。在阴极,Cu^{2+} 获得电子被还原成铜原子，覆盖在阴极石墨棒上。在两个电极上发生的反应可以表示如下：

阳极：$2Cl^- - 2e = Cl_2\uparrow$（氧化反应）

阴极：$Cu^{2+} + 2e = Cu$（还原反应）

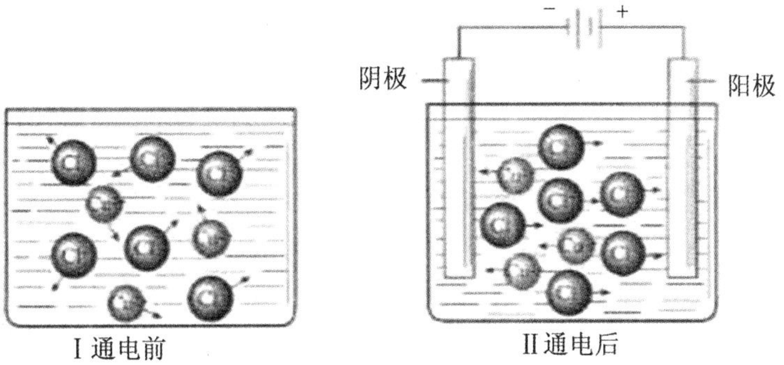

图 3-5　通电前后溶液中离子移动示意图

在电解池的两极反应中，阳离子得到电子和阴离子失去电子，通常都叫放电。电解过程的实质是在直流电源的作用下，使电解质溶液发生氧化还原反应的过程。通电时，一方面电子从电源的负极沿导线流入电解池的阴极；另一方面电子从电解池的阳极离开，沿导线流回电源的正极。这样，在阴极上电子过剩，在阳极上电子减少，因此电解液中的阴离子移向阳极，在阳极上给出电子，发生氧化反应；电解液中的阳离子移向阴极，在阴极上得到电子发生还原反应。

电解 $CuCl_2$ 溶液的化学反应方程式就是阳极上的反应和阴极上的反应的总和。

$$CuCl_2 \xlongequal{\text{电解}} Cu + Cl_2\uparrow$$

在上述电解过程中，没有提到溶液里的 H^+ 和 OH^-。实际上，在水溶液中，还存在着水的电离平衡：

$$H_2O \rightleftharpoons OH^- + H^+$$

因此，在 $CuCl_2$ 溶液中，存在着四种离子：Cu^{2+}、Cl^-、H^+ 和 OH^-。通电时，移向阴极的离子有 Cu^{2+} 和 H^+，因为 Cu^{2+} 比 H^+ 容易得到电子，所以 Cu^{2+} 在阴极得到电子生成金属铜从溶液中析出。通电时，移向阳极的离子有 Cl^- 和 OH^-，在这样的实验条件下，Cl^- 比 OH^- 容易失去电子，所以 Cl^- 在阳极失去电子，生成 Cl_2。

思考与交流

根据下表对电解池和原电池进行比较，思考、交流并填写表中空白。

	电解池		原电池	
电极名称	________极（与电源负极相连接）	________极（与电源正极相连接）	________极（电子流出的电极）	________极（电子流入的电极）
电极反应（氧化、还原）	________反应	________反应	________反应	________反应
能量转变	________能转变为________能		________能转变为________能	
反应进行是自发的还是不自发的				

3.2.2　电解的应用

电解在工业上有着极其重要的意义，主要用于以下几个方面。

1. 电化学工业

以电解方法制取化工产品的工业称为电化学工业。如电解饱和食盐水溶液制取氯气和烧碱，其电解方程式为：

$$2NaCl+2H_2O \xlongequal{\text{电解}} 2NaOH+H_2\uparrow+Cl_2\uparrow$$

饱和食盐水溶液含有 Na^+、H^+、Cl^-、OH^- 四种离子。当接通直流电源后，Cl^-、OH^- 向阳极移动。在阳极 Cl^- 比 OH^- 更易失去电子，因此有 Cl_2 生成。

$$\text{阳极：}2Cl^- - 2e = Cl_2\uparrow\text{（氧化反应）}$$

Na^+、H^+ 向阴极移动。在阴极 H^+ 比 Na^+ 更易得到电子，因此有 H_2 生成。

$$\text{阴极：}2H^+ + 2e = H_2\uparrow\text{（还原反应）}$$

由于 H^+ 在阴极不断得到电子而生成 H_2 放出，破坏了阴极附近水的电离平衡，水分子继续电离出 H^+ 和 OH^-，H^+ 又不断得到电子变成 H_2，结果阴极附近溶液中 OH^- 的浓度相对地增大了。因而，阴极附近形成了 NaOH 溶液。

2. 电冶

应用电解原理从金属化合物中制取金属的过程称为**电冶**。

电解位于金属活动顺序表中 Al 之前的金属盐溶液时，阴极总是产生 H_2，而得不到相应的金属，因此，制取这些活泼金属的单质，只能采用电解它们的熔融化合物的方法。如电解熔融 NaCl 时，阴极上可析出金属钠，其电解方程式为：

$$2NaCl(\text{熔融}) \xlongequal{\text{电解}} 2Na + Cl_2\uparrow$$

资料卡片

电解精炼铜

一般火法冶炼得到的粗铜中含有多种杂质，这种粗铜的导电性远不能满足电气工业的要求，如果用以制电线，就会大大降低电线的导电能力。因此必须利用电解的方法精炼粗铜。

电解时，用粗铜板作阳极，与直流电源的正极相连，用纯铜片作阴极，与电源的负极相连，用 $CuSO_4$ 溶液（加入一定量的硫酸）作电解液。

电解时，两极发生如下反应：

$$\text{阴极：} Cu^{2+} + 2e \xlongequal{} Cu$$

$$\text{阳极：} Cu - 2e \xlongequal{} Cu^{2+}$$

用电解精炼法所得到的铜叫作电解铜，它的纯度很高，可以达到 99.95%～99.98%。这种铜的导电性能良好，符合电气工业的要求，因此电解铜被广泛用以制作导线和电器等。

科学视野

金属在土壤中由微生物引起的腐蚀

金属在大自然中经常遭到各种电化学腐蚀，如大气腐蚀、土壤腐蚀和海水腐蚀等。如今，随着现代化城乡建设，地下设施日益增多，金属构件遭到的腐蚀日趋严重。因此研究并了解土壤的腐蚀规律有重要的意义。下面介绍在土壤中由微生物引起的腐蚀。

如果土壤中严重缺氧，应该是较难进行电化学腐蚀的，可是埋在地下的金属构件照样遭到严重的破坏，有人曾在电子显微镜下观察被土壤腐蚀的金属，发现有种细菌，其形状为略带弯曲的圆柱体，长度约为 2×10^{-6} m，并长有一根鞭毛。由于它是依赖于硫酸盐的还原反应而生存的，所以人们称它为硫酸盐还原菌。在缺氧条件下，金属虽然难以发生吸氧腐蚀，但可进行析氢腐蚀。只是因阴极上产生的原子态的氢未能及时变为氢气析出，而被吸附在阴极表面上，直接阻碍电极反应的进行，使腐蚀速率逐渐减小。可是，多数的土壤中都含有硫酸盐。如果有硫酸盐还原菌存在，它将产生生物催化作用，使 SO_4^{2-} 离子氧化被吸附的氢，从而促使析氢腐蚀顺利进行。整个过程的反应如下：

$$负极：4Fe-8e=\!=\!=4Fe^{2+}$$

$$8H_2O=\!=\!=8H^++8OH^-$$

$$正极：8H^++8e=\!=\!=8H(吸附在铁表面上)$$

$$SO_4^{2-}+8H=\!=\!=S^{2-}+4H_2O$$

$$Fe^{2+}+S^{2-}=\!=\!=FeS$$

$$3Fe^{2+}+6OH^-=\!=\!=3Fe(OH)_2$$

$$总反应：4Fe+SO_4^{2-}+4H_2O=\!=\!=FeS+3Fe(OH)_2+2OH^-$$

其腐蚀的特征是造成金属构件的局部损坏，并生成黑色而带有难闻气味的硫化物。同时硫酸盐还原菌依靠上述化学反应所释放出的能量进行繁殖。

研究表明，能参与金属腐蚀过程的细菌不止一种，它们并非本身能使金属腐蚀，而是细菌生命活动的结果间接地对金属电化学腐蚀过程产生影响。例如，有的细菌新陈代谢能产生某些具有腐蚀性的物质(如硫酸、有机酸和硫化氢等)，从而改变了土壤中金属构件的环境；有的细菌能催化腐蚀产物，致使腐蚀速率增大。

腐蚀性细菌一般分为喜氧性菌(又称嗜氧性菌)和厌氧性菌两大类。喜氧性菌必须在游离氧的环境中生存，这类细菌常存在于土壤、污水及泥水中，其生长温度为 28～30℃，pH 值为 2.5～3.5。厌氧性菌必须在缺乏游离氧的条件下才能生存，如硫酸盐还原菌就是一种常见的厌氧性菌，它是地球上最古老的微生物之一，其种类繁多，广泛存在于中性的土壤、河流、海水、油井、港湾及锈层中。它们的共同特点是把硫酸盐还原为硫化物，其生长的适宜温度为 30℃，pH 值为 7.2～7.5。

此外，还有一些腐蚀性细菌不论在有氧或无氧的环境中均能生存，如硝酸盐还原菌，能把土壤中的硝酸盐还原为亚硝酸盐和氨。它的生长温度为 27℃，pH 值为 5.5～8.5。

现在发现，由微生物引起的腐蚀广泛地存在于地下管道、矿井、海港以及循环冷却系统的金属构件和设备中，给石油、化工、航海、冶金及电力等行业带来极大的损失。因此，近十多年来对如何控制微生物腐蚀的研究，日益引起相关部门的高度重视，已有越来越多的人从事这方面的考察与研究，并取得了可喜的进步。

习题§3.2

一、填空题

1. 电解是一种把________能转变为________能的过程。电解池中与直流电源正极相连的极称________极，它发生________反应；与直流电源负极相连的极称为________极，它发生________反应。

2. 用石墨作电极电解饱和食盐水时，阳极产物是________，阴极产物是________和________。

3. 应用________从金属化合物中制取________的过程称为电冶。

二、选择题

1. 原电池的正极和电解池的阴极所发生的反应分别是(　　)。

A. 氧化、还原　　B. 还原、氧化

C. 氧化、氧化　　D. 还原、还原

2. 下列关于电解池的叙述中不正确的是(　　)。

A. 与电源正极相接的是电解池的阴极

B. 与电源负极相接的是电解池的阴极

C. 在电解池的阳极发生氧化反应

D. 电子从电源的负极沿导线流入电解池的阴极

3. 下列有关电解原理的说法不正确的是(　　)。

A. 电解饱和食盐水时，一般用铁作阳极，碳作阴极

B. 电解饱和食盐水时，阴极得到氢氧化钠溶液和氢气

C. 对于冶炼像钠、钙、镁、铝等这样活泼的金属，电解法几乎是唯一可行的工业方法

D. 电解池的阴极发生还原反应

4. 关于电解 $NaCl$ 水溶液，下列叙述正确的是(　　)。

A. 电解时在阳极得到氯气，在阴极得到金属钠

B. 若在阳极附近的溶液中滴入 KI 淀粉试液，溶液呈蓝色

C. 若在阴极附近的溶液中滴入酚酞试液，溶液仍无色

D. 电解时在阴极得到氯气,在阳极得到氢气

三、解答题

1. 原电池与电解池在原理上有什么差异?试举例说明(可从电极名称、电子流动方向、电极反应和能量转化等方面进行比较)。

2. 试写出电解饱和食盐水的电极反应式以及反应的化学方程式。

归纳与整理

一、原电池原理及应用

原电池是使化学能转变为电能的装置,在电极上发生氧化还原反应。

金属的电化学腐蚀是通过原电池反应而引起的。防止金属腐蚀主要有改变金属的成分、在金属表面覆盖保护层、缓蚀剂法及电化学保护法等。

二、电解原理

1. 电解

电流通过电解质溶液或熔化的电解质引起的氧化还原的过程,叫电解。电解 $CuCl_2$ 溶液的反应为:

$$\text{阳极}:2Cl^- - 2e = Cl_2\uparrow\text{(氧化反应)}$$

$$\text{阴极}:Cu^{2+} + 2e = Cu\text{(还原反应)}$$

$$\text{总反应}:CuCl_2 \xlongequal{\text{电解}} Cu + Cl_2\uparrow$$

2. 原电池和电解池的比较

	电极	电极反应	电子流动方向	能量转变
原电池	相对活泼的金属为负极,较不活泼的金属为正极			
电解池	阴极跟直流电源负极相连;阳极跟直流电源正极相连			

三、电解原理的应用

1. 电解饱和食盐水

电极反应：

$$\text{阳极：}2Cl^- - 2e = Cl_2\uparrow\text{（氧化反应）}$$

$$\text{阴极：}2H^+ + 2e = H_2\uparrow\text{（还原反应）}$$

$$\text{总反应：}2NaCl + 2H_2O \xlongequal{\text{电解}} 2NaOH + H_2\uparrow + Cl_2\uparrow$$

2. 电冶

电解熔融 NaCl 时，阴极上可析出金属钠，其电解方程式为：

$$2NaCl\text{（熔融）} \xlongequal{\text{电解}} 2Na + Cl_2\uparrow$$

复 习 题

一、填空题

1. 原电池中发生的化学反应属于________________。原电池将________能转化为______能。其中，电子流出的一极是原电池的________极，该极发生________反应，电子流入的一极是原电池的________极，该极发生________反应。原电池中电解质溶液的作用是__________。

2. 现有 A、B、C、D 四种金属片，①把 A、B 用导线连接后同时浸入稀硫酸溶液中，A 上有气泡产生；②把 C、D 用导线连接后同时浸入稀硫酸溶液中，D 发生还原反应；③把 A、C 用导线连接后同时浸入稀硫酸溶液中，电子流动方向为 A→导线→C。根据上述情况，回答下列问题：

(1) 在①中，金属片________发生氧化反应；

(2) 在②中，金属片________作负极；

(3) 如果把 B、D 用导线连接后同时浸入稀硫酸溶液，则金属片________上有气泡产生；

(4) 上述四种金属的活动顺序是__________________。

二、选择题

1. 关于原电池的叙述中正确的是（　　）。

A. 构成原电池的电极是两种不同的金属

B. 原电池是将化学能转化为电能的装置

C. 原电池负极发生的电极反应是还原反应

D. 原电池的正极是还原剂，总是溶液中的阳离子在此被还原

2. 金属及其制品在腐蚀介质中很容易被腐蚀，其使用寿命大为降低。因此只有对腐蚀介质中的金属及其制品采取防护措施，才能保证金属工艺设备的安全性和工农业生产的顺利进行。下面对金属及其制品的防护措施中错误的是(　　)。

A. 铁锅用完后，用水刷去其表面的油污，置潮湿处保存

B. 通过特殊工艺，增加铝制品表面的氧化膜

C. 对于易生锈的铁制品(如防护网)要定期涂刷防护漆

D. 把 Cr、Ni 等金属加入到普通钢里制成不锈钢

3. 以下现象与电化学腐蚀无关的是(　　)。

A. 黄铜(铜锌合金)制作的铜锣不易产生铜绿

B. 生铁比纯铁容易生锈

C. 铁质器件附有铜质配件，在接触处易生铁锈

D. 银质物品久置表面变暗

4. 为保护地下钢管不受腐蚀，可使它与(　　)。

A. 直流电源负极相连

B. 铜板相连

C. 锌板相连

D. 直流电源正极相连

5. 下列烧杯中盛放的都是稀硫酸，在铜电极上能产生气泡的是(　　)。

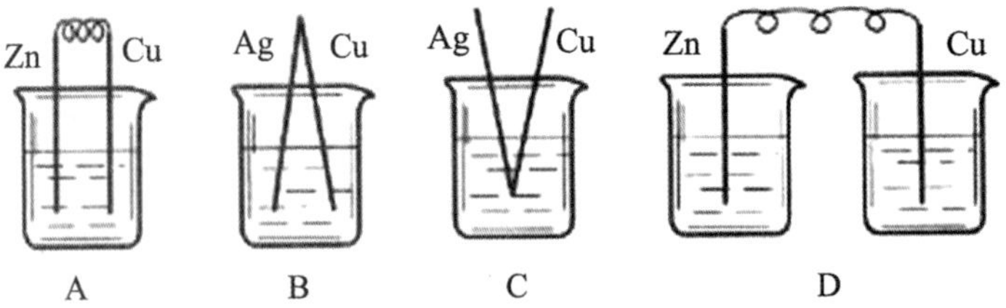

三、解答题

1. 现有一块镀锌铁板(俗称白铁)和一块镀锡铁板(俗称马口铁)，你能否预测哪种铁板更耐腐蚀？说明理由。

2. 有人说“氯化铜溶液通电以后，在电流的影响下，氯化铜分子电离成铜离子和氯离子，在阳极生成金属铜，在阴极产生氯气”。指出错处，并加以正确叙述。

3. 下图中 A 为电源，B 为浸透饱和食盐水和酚酞试液的滤纸，C 为盛有稀硫酸的电解槽，e、f 为铂电极。接通电路后，发现 B 上的 c 点显红色。试回答：

(1) 电源 A 上的 b 是什么极？

(2) 写出 B 上的电极反应式和总反应的化学方程式。

(3) e、f 电极上所产生的气体各是什么？

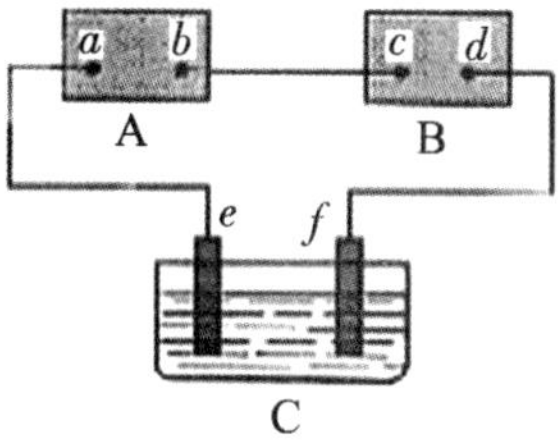

第4章 烃

有机化合物是一类重要的物质，与人类的关系十分密切，在人们的衣、食、住、行、医疗保健、工农业生产及能源、材料和科学技术等领域中都起着重要的作用。本章扼要地介绍有机化合物的一些基本概念，以及常见有机化合物的性质和用途。

§4.1 有 机 物

有机化合物简称**有机物**，是指含碳元素的化合物。例如，糖、酒精、尿素等。而把研究有机物的化学，叫作有机化学。组成有机物的元素，除主要的碳元素以外，多数有机物含氢元素，有些有机物还含有氧、氮、卤素、硫、磷等元素。无机化合物，简称无机物，一般指的是组成里不含碳元素的物质。我们过去已学过的很多化合物如水、氯化钠、氨、硫酸等都是无机物。而像一氧化碳、二氧化碳、碳酸、碳酸盐等少数物质，虽然含有碳元素，但它们的组成和性质跟无机物很相近，一般把它们作为无机物。

有机物和无机物之间没有截然的界限，它们可以互相转变。例如，汽油、酒精燃烧可以生成二氧化碳和水；二氧化碳和氨在一定条件下可以合成尿素。

4.1.1 有机物的特征

一般地讲，有机化合物具有以下特征。

1. 易燃烧

有机化合物除少数以外，一般都能燃烧。燃烧时，有二氧化碳和水生成，而绝大多数无机物不能燃烧。

2. 熔点低、挥发性大

有机物的熔点较低，一般不超过 400℃，挥发性大。而无机物的熔点较高、挥发性小，在通常情况下难于熔化。

3. 难溶于水

大多数有机化合物难溶于水而易溶于汽油、酒精、丙酮等有机溶剂。而一般的无机物则易溶于水。

4. 反应速率慢

有机物之间的反应一般比较慢，并且不彻底，常有副反应发生。因此有关有机物反应的化学方程式通常不用等号而用箭号（→）表示。而无机化合物之间的反应速率较快，如酸碱中和反应可在瞬间完成。

5. 种类繁多、数目庞大

目前从自然界发现的和人工合成的有机物已超过 1 000 万种，而且新的有机物仍在不断地被发现或合成出来。而无机物只有万余种。

4.1.2　有机物的结构特点

我们知道碳原子最外层有四个电子，在有机化合物中，每个碳原子都与其他原子形成四个化学键。因此，碳原子是四价的。

碳原子与其他原子结合成键时，既不易得到电子，也不易失去电子，而是以共价键相结合。每个碳原子不仅能与其他原子形成共价键，而且碳原子与碳原子之间也能相互形成共价键，不仅可以形成单键，还可以形成双键或三键；多个碳原子可以相互结合形成长长的碳链，也可以形成碳环。

一个有机物的分子可能只含一个碳原子，也可能含有几千甚至上万个碳原子；而含有相同原子种类和数目的分子又可能具有不同的结构。

思考与交流

参考图 4-1，分析、归纳以碳为骨架的有机物种类繁多、数目庞大的原因。

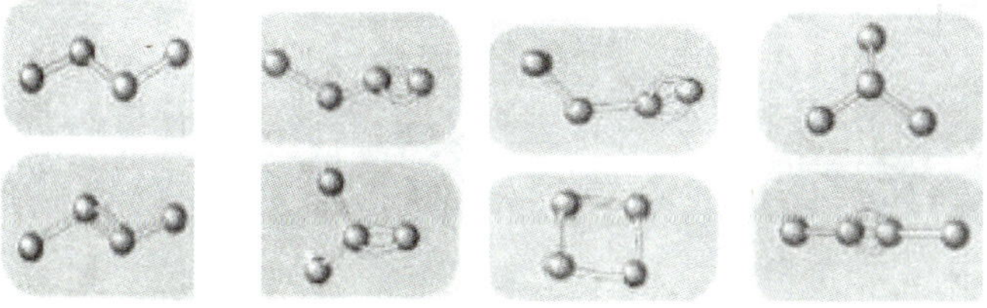

图 4-1　四个碳原子相互结合的几种方式

科学视野

有机化合物认识简史

早先,人们已知的有机物都是从动植物等有机体中取得的,所以把这类化合物叫作有机物。到19世纪20年代,科学家先后用无机物人工合成许多有机物,如尿素、醋酸、脂肪等,从而打破有机物只能从有机体中取得的观念。但是,由于历史和习惯的原因,人们仍然沿用有机物这个名称。

“有机”这个历史性名词,可追溯至19世纪,当时生物论者认为有机化合物只能以生物合成。此理论基于有机物与“无机”的基本分别,有机物不会被非生命力合成而来。但后来这个理论被推翻,1828年,德国化学家维勒首次用无机物氰酸铵合成了有机物——尿素。但这个重要发现并没有立即得到其他化学家的承认,因为氰酸铵尚不能用无机物制备出来。直到柯尔柏在1844年合成了醋酸,柏赛罗在1854年合成了油脂等,有机化学才进入了合成时代,大量的有机物用人工的方法合成出来。

人类使用有机物的历史很长,世界上几个文明古国很早就掌握了酿酒、造醋和制饴糖的技术。据记载中国古代曾制取到一些较纯的有机物质,如没食子酸、乌头碱、甘露醇等;16世纪后期西欧制得了乙醚、硝酸乙酯、氯乙烷等。由于这些有机物都是直接或间接来自动植物体内,因此,那时人们仅将从动植物体内得到的物质称为有机物。

人工合成有机物的发展,使人们清楚地认识到,在有机物与无机物之间并没有一个明确的界限,但在它们的组成和性质方面确实存在着某些不同之处。从组成上讲,所有的有机物中都含有碳,多数含氢,其次还含有氧、氮、卤素、硫、磷等,因此,化学家开始将有机物定义为含碳的化合物。

习题§4.1

一、填空题

1. 在有机化合物中,碳元素呈________价,碳原子与碳原子之间不仅可以形成共价单键,还可以形成________和________;不仅可以形成________,还可以形成碳环。

2. 组成有机物的元素,除主要的________元素以外,多数有机物含

________，有些有机物还含有______________等元素。

二、选择题

1. 下列化合物中，属于有机物的是(　　)。

A. CO_2　　B. 尿素　　C. C_2H_2　　D. NH_4HCO_3

2. 有机物种类繁多的主要原因是(　　)。

A. 自然界存在着多种形式的、大量的有机物

B. 碳原子能与其他原子形成四个共价键，且碳原子之间也能相互成键

C. 有机物除含碳元素外，还含有其他多种元素

D. 有机物的分子结构十分复杂

3. 第一次用无机物制备有机物——尿素，开辟人工合成有机物先河的科学家是(　　)。

A. 维勒　　B. 门捷列夫　　C. 李比希　　D. 范特霍夫

三、解答题

1. 什么叫有机化合物？与无机化合物相比，有机化合物主要有哪些特征？

2. 有机化合物的结构特点有哪些？

§4.2　甲烷　烷烃

4.2.1　甲烷

有机化合物里，有一大类物质是仅由碳和氢两种元素组成的，这类物质总称为**烃**，也叫碳氢化合物。甲烷是烃类中分子组成最简单的物质。

1. 甲烷在自然界中的存在

甲烷是天然气、沼气、煤矿坑道气的主要成分，是优质气体燃料，也是制造许多化工产品的重要原料。

2. 甲烷的分子结构

甲烷的分子式是 CH_4，在甲烷分子中，碳原子以最外电子层上的 4 个电

子分别与 4 个氢原子的电子形成 4 个共价键。甲烷的电子式可以表示为：

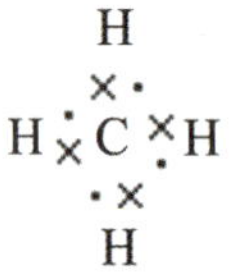

电子式

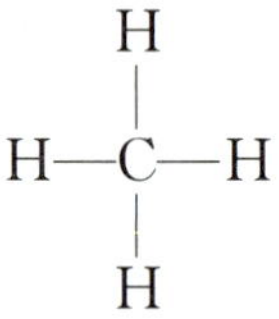

结构式

这种用短线来代表一对共用电子对的图式叫作**结构式**。那么甲烷分子中的原子在空间是如何分布的呢？

科学实验证明，甲烷分子里的碳原子与 4 个氢原子并不在一个平面内，而是构成一个正四面体，碳原子位于正四面体的中心，4 个氢原子分别位于正四面体的 4 个顶点上(图 4-2 A)。图 4-2 B 是甲烷分子的一种模型，黑球代表碳原子，白球代表氢原子，短棍代表价键。这种模型叫作球棍模型。图 4-2 C 是甲烷分子的另一种模型，叫作比例模型。它用黑球和白球的体积比，来大体上表示碳氢两种原子的体积比。

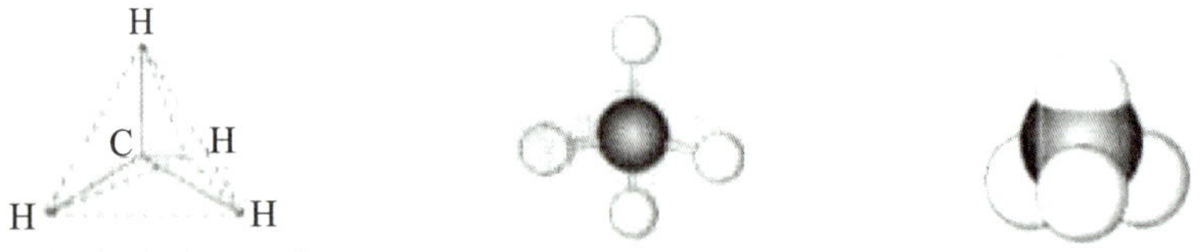

A. 甲烷分子的立体结构　B. 甲烷分子的球棍模型　C. 甲烷分子的比例模型

图 4-2　甲烷分子结构示意图

3. 甲烷的性质

甲烷是没有颜色、没有气味的气体，极难溶于水。密度(标准状况)为 0.717 g/L，比空气轻。甲烷的化学性质相当稳定，跟强酸、强碱或强氧化剂(如 $KMnO_4$)等不起反应。但是在特定条件下也会发生氧化、取代等反应。

(1) 氧化反应

甲烷是一种很好的燃料，纯净的甲烷能在空气里安静地燃烧生成二氧化碳和水，发出淡蓝色火焰，同时放出大量的热。

$$CH_4 + 2O_2 \xrightarrow{\text{点燃}} CO_2 + 2H_2O$$

(2) 取代反应

【实验 4-1】取一个 100 mL 的大量筒，用排饱和食盐水的方法先后收集 20 mL CH_4 和 80 mL Cl_2(图 4-3)，放在光亮的地方(注意：不要放在日光直射的地方，以免引起爆炸），等待片刻，观察发生的现象。

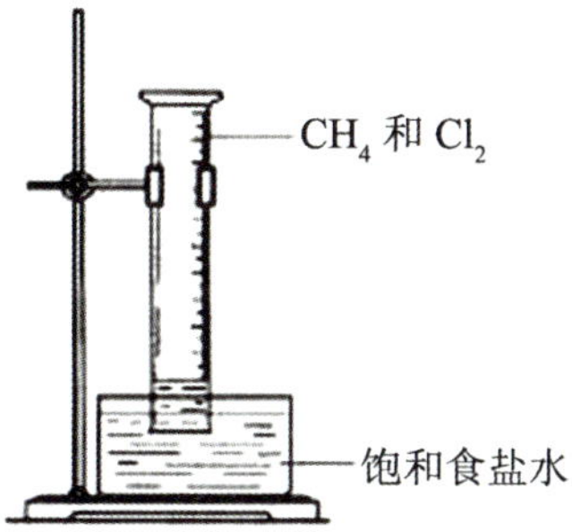

图 4-3　甲烷的取代反应

大约 3 min 之后，可以观察到量筒壁上出现油状液滴，量筒内水面上升。

思考与交流

分析上述实验中所观察到的现象，从中可以得到哪些有关实验的信息？

甲烷在强热或日光照射下，可直接和氯气发生反应。在反应过程中，甲烷分子中的氢原子逐步地被氯原子取代。

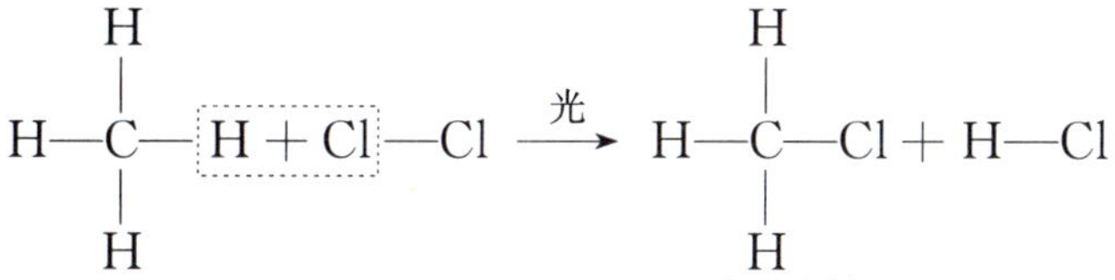

一氯甲烷

反应并没有到此终止，生成的一氯甲烷继续与氯气反应，依次生成了二氯甲烷、三氯甲烷（又叫氯仿）和四氯甲烷（又叫四氯化碳）。

在这些反应里，甲烷分子里的氢原子逐步被氯原子所取代，生成四种取代产物。这种有机物分子里的某些原子或原子团被其他原子或原子团所代替的反应叫作**取代反应**。

甲烷的四种氯的取代物都不溶于水。在常温下，一氯甲烷是气体，其他三种都是液体。三氯甲烷和四氯甲烷是工业上重要的溶剂。四氯甲烷还是一种效率较高的灭火剂。

思考与交流

你能仿照生成一氯甲烷的化学方程式，尝试写出一氯甲烷与氯气进一步反应的化学方程式吗？

资料卡片

空气中的甲烷含量在5%～15.4%(体积)范围内时,遇火花将发生爆炸。在进行甲烷燃烧实验时,必须先检验其纯度。煤矿中的瓦斯爆炸多数与甲烷气体爆炸有关。为了防止爆炸事故的发生,必须采取通风、严禁烟火等安全措施。

家用或工业用天然气中,常掺入少量有特殊气味的杂质气体,以警示气体的泄漏。

4.2.2　烷烃

思考与交流

与甲烷结构相似的有机物还有很多,请你观察下列有机物的结构式和图4-4所示的分子模型,试归纳出它们的分子结构的特点。

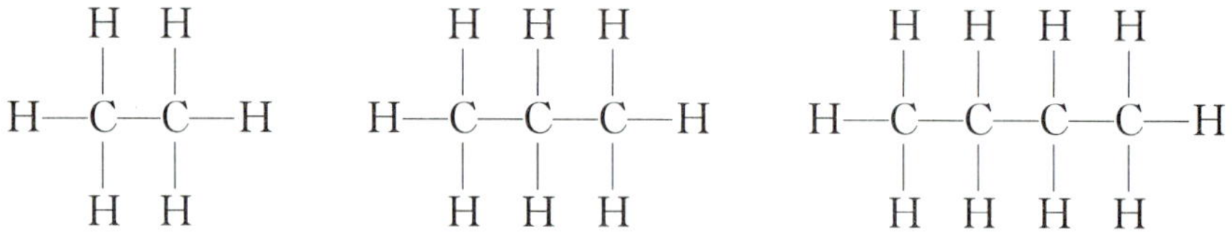

乙烷　　丙烷　　丁烷

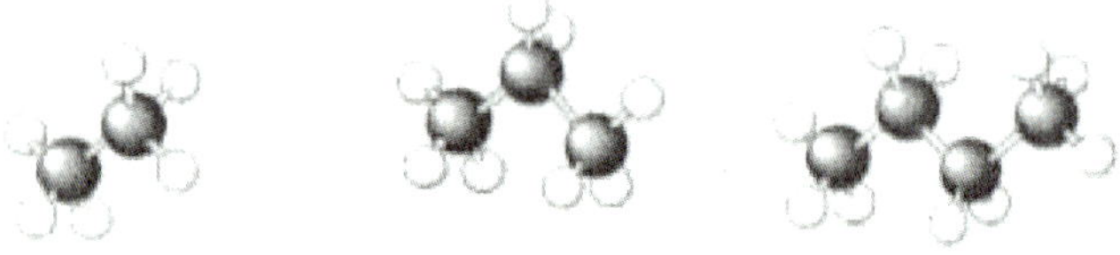

乙烷　　丙烷　　丁烷

图4-4　几种烷烃的球棍模型

1. 同系物和通式

由图4-4可以看出和甲烷结构相似的烃是很多的,例如乙烷(C_2H_6)、丙烷(C_3H_8)、丁烷(C_4H_{10})等。

在这些烃的分子里,碳原子跟碳原子之间都以单键结合成链状,同甲烷一样,碳原子剩余的价键全部跟氢原子相结合。这样的结合使每个碳原子的化合价都已充分利用,都达到“饱和”。这样的链烃叫作饱和链烃,又叫烷烃。

为了书写方便,有机物除用结构式表示外,还常用结构简式表示,如上述乙烷、丙烷和丁烷的结构简式分别为 CH_3CH_3、$CH_3CH_2CH_3$ 和 $CH_3CH_2CH_2CH_3$。这种将有机物分子结构式中的“C—C”键和“C—H”键的短线省略不写所得的式子叫**结构简式**。

烷烃的种类很多，表4-1中列出了几种烷烃的物理性质。

表4-1 几种烷烃的物理性质

名称	结构简式	常温时的状态	熔点/℃	沸点/℃	相对密度
甲烷	CH_4	气	−182	−164	0.466 3
乙烷	CH_3CH_3	气	−183.3	−88.6	0.572 0
丙烷	$CH_3CH_2CH_3$	气	−189.7	−42.1	0.585 3
丁烷	$CH_3(CH_2)_2CH_3$	气	−138.4	−0.5	0.578 8
戊烷	$CH_3(CH_2)_3CH_3$	液	−130	36.1	0.626 2
癸烷	$CH_3(CH_2)_8CH_3$	液	−29.7	174.1	0.730 0
十七烷	$CH_3(CH_2)_{15}CH_3$	固	22	301.8	0.778 0

从表4-1可以看出，烷烃可以根据分子里所含碳原子的数目来命名，碳原子数在10以下的，用甲、乙、丙、丁、戊、己、庚、辛、壬、癸来表示；碳原子数在10以上的，用中文数字来表示。例如，C_5H_{12} 叫戊烷，$C_{17}H_{36}$ 叫十七烷。

随着烷烃分子里碳原子数的增多，它们的物理性质有规律性的变化。如熔点、沸点逐渐升高，密度逐渐增大。常温下，含碳原子1～4的是气态，5～16的是液态，17以上的是固态。但它们在化学性质上都与甲烷相似，跟酸、碱及氧化剂都不发生反应，也难与其他物质化合。在空气里都能够燃烧，在光照的条件下，都能与氯气发生取代反应。

分析表4-1中烷烃的结构简式可以发现，相邻两个烷烃在组成上都相差一个“CH_2”原子团。如果把烷烃中的碳原子数定为 n，氢原子数就是 $2n+2$，所以烷烃的分子式可以用通式 C_nH_{2n+2} 来表示。因此可以说烷烃是符合通式 C_nH_{2n+2} 的烃的总称。像这样结构相似，在分子组成上相差一个或若干个 CH_2 原子团的物质互相称为**同系物**。例如，甲烷、乙烷、丁烷等，它们都互为同系物。

2. 同分异构现象和同分异构体

很多有机物的分子组成相同，但结构却不相同，性质上也有差异。例如，丁烷（C_4H_{10}）就有分子组成相同，但结构和性质却有差异的两种物质。一种分子里的碳原子相互结合形成直链，称为正丁烷；另一种分子里的碳链上带有支链，称为异丁烷。这两种丁烷的结构式分别是：

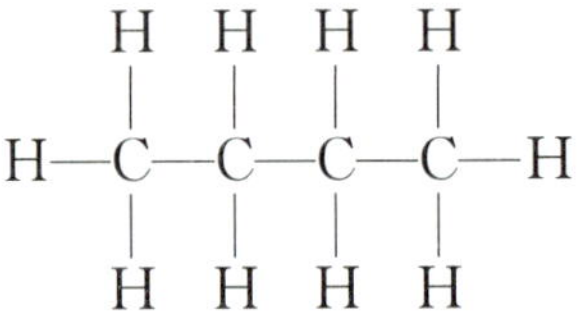

正丁烷

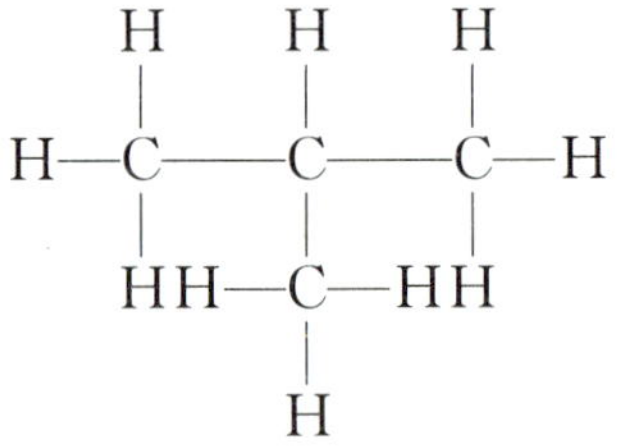

异丁烷

表 4-2　正丁烷和异丁烷的某些物理性质

名称	熔点/℃	沸点/℃	相对密度
正丁烷	−138.4	−0.5	0.577 8
异丁烷	−159.6	−11.7	0.557

它们的分子式相同，由于结构不同，性质上也有差异，所以它们是两种不同的化合物。像这种分子的组成相同而结构不同的现象，叫作同分异构现象。

具有同分异构现象的化合物互称为同分异构体。正丁烷和异丁烷就是丁烷的两种同分异构体。

在有机化合物中，同分异构现象是普遍存在的，随着碳原子数的增加，烷烃的同分异构体的数目也增加。例如，戊烷有 3 种、己烷有 5 种、庚烷有 9 种，而癸烷则有 75 种之多。同分异构现象的广泛存在是造成有机物种类繁多、数目庞大的一个重要原因。

3. 烃基

烃分子失去 1 个或几个氢原子后所剩余的部分叫作烃基。烃基一般用“R—”表示。如果失去氢原子的烃是烷烃，剩余的原子团就叫作烷基。例如，甲烷分子失去 1 个氢原子后的“—CH_3”部分叫作甲基，乙烷分子失去 1 个氢原子后剩余的“—CH_2CH_3”部分叫作乙基，等等。

资料卡片

甲烷水合物

甲烷水合物也叫“可燃冰”，化学式为 $CH_4 \cdot nH_2O$。它的主要成分是甲烷分子与水分子。因为主要成分是甲烷，在常温常压下它会分解成水与甲烷，因此也常称为“甲烷水合物”。甲烷水合物从外观上看像冰，具有可燃性，故又被称为“可燃冰”。从微观上看其分子结构就像一个一个的“笼子”，由若干水分子组成一个“笼子”，每个“笼子”里“关”一个气体分子。可以看成是高度压缩的固态天然气。甲烷水合物被认为是 21 世纪新型洁净的能源，它的发现让陷入能源危机的人类看到新希望。我国的可燃冰主要分布在南海等海域。

科学视野

一个甲烷气泡引发的灾难

2010 年 4 月 20 日墨西哥湾发生的漏油事故导致该地区面临前所未有的生态灾难。现已查清，墨西哥湾“深水地平线”钻井平台爆炸是由一个甲烷气泡引发的。

出事前，工人在钻井底部设置并测试一处水泥封口，随后降低钻杆内部压力，试图再设一处水泥封口。这时，设置封口时引起的化学反应产生热量，促使一个甲烷气泡生成。这个甲烷气泡从钻杆底部高压处上升到低压处，突破数处安全屏障和原油突然朝工人们喷射而来，一直喷到高达 70 多米的高空上。当甲烷气体遇到附近的采油工人的宿舍处的火源，即刻发生爆炸，接着发生了一系列的爆炸，并燃起大火。“深水地平线”沉入墨西哥湾。沉没后大量漏油，造成周边生态环境被破坏。

甲烷这类密度很小的有机化合物，在很深的海底的巨大水压作用下可能成为固态。当这些固态甲烷由于某些原因而破裂后，可能成为气体而迅速上升，在上升过程中水压不断减小，因而形成了越来越大并且急速上升的巨大气泡。你可别小看了这个甲烷气泡，澳大利亚墨尔本市蒙纳什大学的计算数学教授约瑟夫·莫纳翰通过计算机建模分析，当巨大的甲烷气泡上升到水面而爆裂的时候，形成了一个巨大的空腔，轮船会瞬间坠入其中。这可能是导致百慕大三角地区和北海海域内海轮神秘失事的罪魁祸首。气象学家一直担忧，全球气候变暖将导致北极永冻地区冰层融化，释放出永冻层封住的大量甲烷。研究人员到北极地区的西斯匹次卑尔根海域，他们使用声呐探测到从海底升起的甲烷气泡串数量超过 250 个。分析显示，这一海域的水温在过去 30 年里上升了 1 摄氏度，它 30 年前可以在海下 360 米处稳定存在，而现在要到 400 多米深处才能稳定存在。地球温度上升使得更多的永冻层融化，进而释放出更多的甲烷，整个过程往复循环，永冻层释放出来的甲烷令地球温度进一步上升。如果全北极海域都出现类似情况，那么每年将会释放出数千万吨甲烷，甲烷这种温室气体，吸热能力是二氧化碳的 30 倍。这可能使全球变暖加剧，并陷入恶性循环。

也就是说,美国墨西哥湾的事故是天灾也是人祸,如果我们再不注意环保,类似的事故还会加剧产生,将来引发地球爆炸的可能也是有的。

习题 § 4.2

一、填空题

1. 甲烷的分子式为________,电子式为________,结构式为________。

2. 甲烷与氯气反应,生成物有________种,常用作溶剂的是________和________。

3. 甲烷与氯气的反应属于________反应,在反应中,甲烷分子中的________原子被氯原子________。

4. 烷烃的分子中,两个碳原子之间都以________结合成链状,每个碳原子都与________个原子结合,化合价都已充分利用,都达到"饱和"。

5. 烃分子失去1个氢原子后所剩余的部分叫作________,一般用______表示。

二、选择题

1. 下列气体的主要成分不是甲烷的是(　　)。

A. 沼气　　B. 天然气　　C. 煤气　　D. 坑道气

2. 下列有关甲烷性质的叙述,正确的是(　　)。

A. 甲烷是一种无色、有臭味的气体

B. 甲烷易溶于水

C. 甲烷与氯气发生的化学反应类型属于取代反应

D. 甲烷是一种混合物

3. 把纯净的甲烷与氯气的混合气放在集气瓶中,用玻璃片盖好瓶口,放在光亮的地方一段时间后,下列说法中,不正确的是(　　)。

A. 气体发生爆炸反应

B. 集气瓶壁有油状液体生成

C. 用一根蘸有浓氨水的玻璃棒伸入瓶内时有白烟产生

D. 瓶内气体的颜色变浅

4. 甲烷在氧气中燃烧后生成二氧化碳和水,从该实验事实可以得出的结论是(　　)。

A. 甲烷的分子式为 CH_4

B. 甲烷气体中含碳元素和氢元素

C. 甲烷气体中只含有碳元素和氢元素

D. 甲烷的化学性质比较稳定

5. 将等物质的量的甲烷和氯气混合,在光的照射下充分反应,生成物中物质的量最大的是(　　)。

A. CH_3Cl　　B. CH_2Cl_2　　C. CCl_4　　D. HCl

6. 下列各对物质中,互为同系物的是(　　)。

A. CH_4、$C_{10}H_{22}$　　B. CH_4、C_2H_5OH

C. C_2H_6、C_4H_{10}　　D. CH_3COOH、C_3H_8

7. 2008年北京奥运会的"祥云"火炬所用燃料的主要成分是丙烷,下列有关丙烷的叙述中不正确的是(　　)。

A. 分子中碳原子不在一条直线上

B. 光照下能够发生取代反应

C. 1 mol 丙烷完全燃烧需消耗氧气 5 mol

D. 比丁烷更易液化

8. 在下述条件下,能发生化学反应的是(　　)。

A. 甲烷与氧气混合并置于光照下

B. 甲烷与氯气混合并置于光照下

C. 将甲烷通入高锰酸钾酸性溶液中

D. 将甲烷通入溴水溶液

9. 下列说法不正确的是(　　)。

A. 煤矿的矿井里常有甲烷(瓦斯)逸出,要采取通风、严禁烟火等措施

B. 点燃甲烷前可以不验纯

C. 沼气的应用对解决农村燃料、改善环境、发展农业生产有重要意义

D. 自然界中甲烷主要是由动物残体在隔绝空气的情况下分解而成的

10. 阅读下列短文,完成以下题目。

英国国家海洋学中心于 2009 年 8 月 14 日发布新闻公报说,中心的研究人员及其同行利用声呐等手段探测到北极海洋中存在大量甲烷气泡,证实了全球变暖会使海底释放大量甲烷的说法。研究人员认为,这些甲烷可能会反过来加剧全球变暖。

(1) 已知天然气的主要成分 CH_4 是一种会产生温室效应的气体,等物质的量的 CH_4 和 CO_2 产生的温室效应,前者大。下面是有关天然气的几种叙述,其中正确的是(　　)。

① 天然气与煤、柴油相比是较清洁的能源

② 等质量的 CH_4 和 CO_2 产生的温室效应也是前者大

③ 燃烧天然气也是酸雨的成因之一

A. ①②③　　B. 只有①　　C. ①和②　　D. 只有③

(2) 可燃冰又称天然气水合物,它是海底的高压、低温条件下形成的,外观像冰。其化学式为 $CH_4 \cdot nH_2O$,1 体积可燃冰可贮载 100~200 体积的天然气。下面关于可燃冰的叙述不正确的是(　　)。

A. 可燃冰有可能成为人类未来的重要能源

B. 可燃冰是一种比较洁净的能源

C. 可燃冰提供了水可能变成油的例证

D. 可燃冰的主要可燃成分是甲烷

(3) 下列事实、事件、事故中与甲烷无关的是(　　)。

A. 天然气的主要成分　　B. 造成"光化学烟雾"的气体

C. "西气东输"工程　　D. 煤矿中的瓦斯爆炸

(4) 下列叙述中正确的是(　　)。

A. 在通常情况下,甲烷与高锰酸钾等强氧化剂不反应,与强酸、强碱也不反应

B. 甲烷燃烧能放出大量的热,所以它是一种很好的气体燃料,但点燃甲烷不必像点燃氢气那样事先验纯

三、解答题

1. 城市居民使用的管道燃料中,有天然气(主要成分是 CH_4)和"煤气"(主要成分是 CO 和 H_2)。它们燃烧反应的化学方程式如下:

$$CH_4 + 2O_2 \xrightarrow{\text{点燃}} CO_2 + 2H_2O$$

$$2CO + O_2 \xlongequal{\text{点燃}} 2CO_2$$

$$2H_2 + O_2 \xlongequal{\text{点燃}} 2H_2O$$

试判断:

(1) 燃烧相同体积的管道煤气和天然气,消耗氧气体积较大的是哪种;

(2) 原用于管道煤气的灶具在改为使用天然气时，需将进风口改大还是改小，如不改造进风口，可能产生什么不良后果？

(3) 管道煤气中除 CO 和 H_2 外，还含有甲烷、乙烷、丙烷、丁烷等气态烃，试根据表 4-1 中提供的某一关键数据，解释在严寒的冬季，管道煤气为何有时会出现火焰变小或断续现象。

(4) 燃烧 11.2 L(标准状况)甲烷，生成二氧化碳和水的物质的量各是多少？

§4.3　乙　　烯

思考与交流

讨论表 4-3 中乙烯的部分用途，体会它作为基本化工原料的重要价值。

表 4-3　乙烯的部分用途

<table>
<tr><td rowspan="10">乙烯</td><td>→聚乙烯塑料→食品袋、餐具、地膜等</td></tr>
<tr><td>→聚乙烯纤维→无纺布</td></tr>
<tr><td>→乙醇→燃料、化工原料</td></tr>
<tr><td>→涤纶→纺织材料等</td></tr>
<tr><td>→洗涤剂、乳化剂、防冻液</td></tr>
<tr><td>→增塑剂</td></tr>
<tr><td>→杀虫剂、植物生长调节剂</td></tr>
<tr><td>→聚氯乙烯塑料→包装袋、管材等</td></tr>
<tr><td>→合成润滑油、高级醇、聚乙二醇</td></tr>
<tr><td>→醋酸纤维、酯类</td></tr>
</table>

4.3.1　乙烯分子的结构

在具有链状分子结构的烃里，除了碳原子之间都以单键相互结合的饱和链烃外，还有许多烃，它们分子里的碳原子所结合的氢原子数少于饱和链烃里的氢原子数。如果这些化合物跟某些物质起反应，它们分子里的这种碳原子还可以结合其他的原子或原子团。通常把这类烃叫作不饱和烃。

乙烯就是一种不饱和烃。乙烯的分子式是 C_2H_4，结构式是

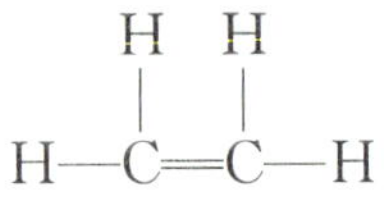

，结构简式是 $CH_2=CH_2$。

从乙烯的结构式可以看出，乙烯分子里含有碳碳双键，碳原子的化合价未充分利用达到“饱和”。链烃分子里含有碳碳双键的不饱和烃叫作烯烃。乙烯是分子组成最简单的烯烃。

为了更简单形象地描述乙烯的结构，我们常用分子模型来表示。在图 4-5 Ⅰ 的球棍模型里，两个碳原子间用两根可以弯曲的弹性短棍来连接，用它们来表示双键。图 4-5 Ⅱ 是乙烯分子的比例模型。

Ⅰ　球棍模型　　Ⅱ　比例模型

图 4-5　乙烯分子的模型

实验表明，乙烯分子中两个碳碳键的成键方式是不同的，其中一个是典型的碳碳单键，比较牢固。另一个较弱，易受到外界的影响而断裂。

4.3.2　乙烯的实验室制法

工业上所用的乙烯，主要是从石油炼制厂所生产的气体中分离出来的。在实验室中，则通常是通过加热酒精和浓硫酸的混合物，使酒精分解而制得乙烯。在这个反应中，浓硫酸起催化剂和脱水剂的作用。这个反应的化学方程式是：

$$CH_3—CH_2—OH \xrightarrow[170℃]{浓硫酸} CH_2=CH_2\uparrow + H_2O$$

【实验 4-2】如图 4-6 所示，在烧瓶中注入约 20 mL 酒精与浓硫酸（体积比约为 1∶3）的混合液，放入几片碎瓷片，以避免混合液在受热沸腾时剧烈跳动。加热使液体温度迅速升到 170℃，这时就生成乙烯气体。用排水集气法收集生成的乙烯。

图 4-6　乙烯的实验室制法

4.3.3　乙烯的性质

乙烯是没有颜色、稍有气味的气体。密度为 1.25 g/L，比空气的密度略小些，难溶于水。下面简单介绍乙烯的一些化学性质。

1. 氧化反应

【实验 4-3】点燃纯净的乙烯。观察乙烯燃烧时的现象。

可以看到，乙烯在空气中燃烧，火焰明亮并伴有黑烟。跟甲烷一样，乙烯在空气中燃烧也生成二氧化碳和水，同时放出大量的热。

$$CH_2=CH_2+3O_2 \xrightarrow{点燃} 2CO_2+2H_2O$$

【实验 4-4】把乙烯通入盛有 $KMnO_4$ 酸性溶液的试管中，如图 4-7 所示，观察试管里溶液颜色的变化。

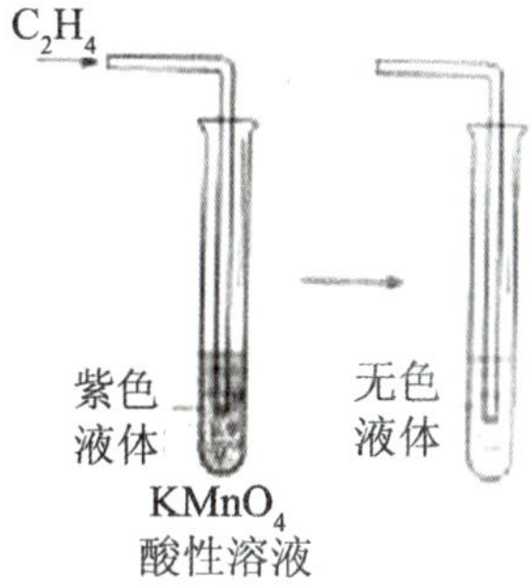

图 4-7　乙烯使 $KMnO_4$ 酸性溶液褪色

可以看到，通入乙烯后，$KMnO_4$ 酸性溶液的紫色很快褪去。这说明乙烯能被氧化剂 $KMnO_4$ 氧化，利用这个反应可以区别甲烷和乙烯。

2. 加成反应

【实验 4-5】把乙烯通入溴的四氯化碳溶液中，如图 4-8 所示，观察试管里溶液颜色的变化。

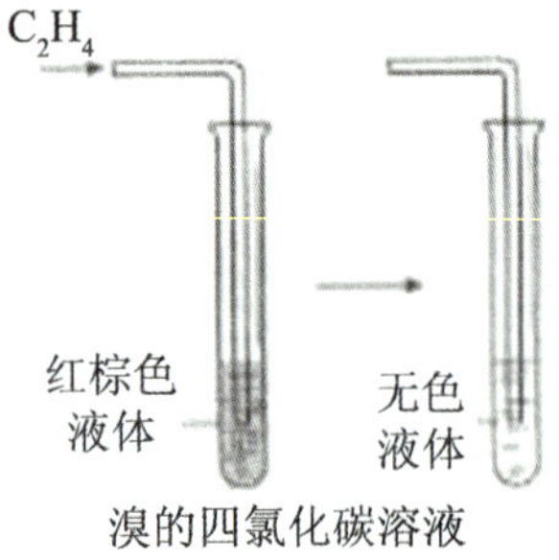

图 4-8　乙烯使溴的四氯化碳溶液褪色

可以看到，乙烯能使溴的四氯化碳溶液褪色，说明乙烯与溴发生了反应。

在这个反应中，乙烯双键中的一个键断裂，两个溴原子分别加在两个价键不饱和的碳原子上，生成无色的 1,2-二溴乙烷液体：

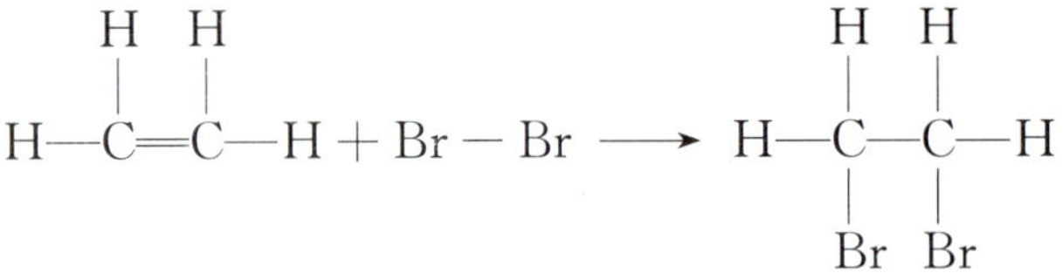

1,2-二溴乙烷

这种有机物分子里不饱和的碳原子与其他原子或原子团直接结合生成新的化合物的反应，叫作**加成反应**。

乙烯不仅可以与溴发生加成反应，在一定条件下，还可以与水、氢气、卤化氢、氯气等物质发生加成反应。

3. 聚合反应

如上所述，在适宜的条件下，乙烯双键中的一个键可以断裂发生加成反应，若加成反应发生在乙烯分子之间，碳原子便互相结合形成相对分子质量巨大的高分子化合物——聚乙烯：

$CH_2=CH_2+CH_2=CH_2+CH_2=CH_2+\cdots\cdots \longrightarrow CH_2—CH_2—+—CH_2—CH_2—+—CH_2—CH_2—\cdots\cdots \longrightarrow —CH_2—CH_2—CH_2—CH_2—CH_2—CH_2—\cdots\cdots$

这个反应通常用下式表示：

$$nCH_2=CH_2 \xrightarrow{催化剂} [CH_2—CH_2]_n$$

聚乙烯

像这一类由分子量小的化合物分子互相结合成为分子量很大的化合物

分子的反应叫作聚合反应。这种聚合反应也是加成反应，所以又属于加成聚合反应，简称为加聚反应。在聚乙烯的生成反应中，反应物乙烯称为单体，产物中的重复结构单元—CH_2—CH_2—称为链节；n 称为聚合度，表示高分子化合物中所含链节的数目。生成的高分子化合物聚乙烯叫作高聚物，也叫高分子。

思考与交流

1. 你能仿照生成 1,2-二溴乙烷的化学方程式，写出乙烯与水、氢气、卤化氢反应的化学方程式吗？

2. 工业上常用氯乙烯的聚合反应生产聚氯乙烯(PVC)树脂，请你尝试写出该反应的化学方程式。

4.3.4　乙烯的用途

乙烯是石油化学工业最重要的基础原料，它主要用于制造塑料、合成纤维、有机溶剂等。从 20 世纪 60 年代以来，世界上乙烯工业得到了迅速的发展。乙烯工业的发展，带动了其他以石油为原料的石油化工的发展。因此，一个国家乙烯工业的发展水平，已成为衡量这个国家石油化学工业水平的重要标志。

乙烯除了是石油化学工业的重要原料之外，它还是一种植物生长调节剂，它可以催熟果实(番茄、柠檬等)。在长途运输中，为了避免途中果实发生腐烂，常常运输尚未完全成熟的果实，运到目的地后，再向存放果实的库房里混入少量乙烯气体，这样就可以把果实催熟。

实践活动

在塑料袋中放一个成熟的苹果，再放些青香蕉或青橘子，将袋口密封，每天观察水果的变化。

4.3.5　烯烃

分子中含有碳碳双键的一类不饱和链烃叫作烯烃。烯烃里除乙烯外，还有丙烯($CH_3CH{=}CH_2$)、丁烯($CH_3CH_2CH{=}CH_2$)等。表 4-4 列出了几种烯烃的物理性质。

表 4-4　几种烯烃的物理性质

名称	结构简式	常温时状态	熔点/℃	沸点/℃	相对密度
乙烯	$CH_2=CH_2$	气	−169	−103.7	0.566
丙烯	$CH_3CH=CH_2$	气	−185.2	−47.4	0.519 3
1-丁烯	$CH_3CH_2CH=CH_2$	气	−185.3	−6.3	0.595 1
1-戊烯	$CH_3(CH_2)_2CH=CH_2$	液	−138	30	0.640 5
1-己烯	$CH_3(CH_2)_3CH=CH_2$	液	−139.8	63.3	0.673 1
1-庚烯	$CH_3(CH_2)_4CH=CH_2$	液	−119	93.6	0.697 0

从上表中可以看出，由于双键的存在，使得烯烃分子中含有的氢原子数比相同碳原子数的烷烃分子中所含氢原子数少 2 个。跟烷烃一样，烯烃同系物在组成上也是依次相差一个“CH_2”原子团。所以，烯烃的通式是 $C_nH_{2n}(n\geqslant 2)$。

烯烃的物理性质一般也随着碳原子数目的增加而发生递变。

由于烯烃的分子中均含有碳碳双键，所以烯烃的化学性质跟乙烯相类似，如容易发生加成反应、氧化反应等。

科学视野

中国乙烯工业的发展历程

中华人民共和国成立初期，我国近 20 年乙烯产量趋于零，90%以上的石油化工产品依靠进口。20 世纪 60 年代初期，党和国家为了填补我国当时尚属空白的石油化工工业，赶上世界石油化工工业发展的步伐，决定从西方引进大型石油化工联合装置，以带动和促进我国石油化工的起步和发展。

1962 年，中国石油兰州石化公司 5 000 吨/年乙烯装置建成投产，标志着我国乙烯工业的诞生。其后，上海高桥石油化工公司乙烯装置于 1964 年投产。这些装置规模小、物耗能耗高、产品质量差、污染严重、工艺技术水平落后。1965 年 8 月，我国第一套以原油为原料的砂子炉制乙烯装置及其高压聚乙烯、聚丙烯、丙烯腈、丙纶、腈纶等主要装置在中国石油兰州石化公司陆续动工，形成了当时全国最大的乙烯生产基地。这标志着我国石油化工一个时代的开始。

20 世纪 60 年代是我国乙烯工业起步阶段，到了七八十年代时稍具规模。随着我国原油资源和炼油工业的不断发展，我国大力引进了国外先进技术，在燕山、上海、大庆等地建立了不同规模的乙烯装置。1984 年，我国乙烯生产已经达到72.8万吨。

1983年中国石油化工总公司正式成立。为了用好当时仅有的1亿吨原油，淘汰小型乙烯装置，改扩建大型装置，我国采用了S&W和鲁姆斯的先进专利技术，使乙烯工艺技术迈进一大步，缩小了与世界主要乙烯生产国家的差距。

1998年到现在，我国的乙烯工业从生产技术、装置规模和单套装置产能上看都有很大发展，乙烯的产量开始跨越式发展。从2008年突破1000万吨，2011年突破1 500万吨，2015年达到2 264万吨。我国乙烯工业先后通过改扩建与新建相结合、独资与合资相结合，生产能力迅速增加、装置规模快速扩大，成为仅次于美国的世界第二大乙烯生产国。

截至2016年底，我国共有40家乙烯生产企业，47套生产装置，乙烯企业平均规模57.8万吨/年，装置平均规模49.2万吨/年，与世界平均水平53.8万吨/年基本持平。其中石脑油制烯烃装置平均规模62万吨/年，煤制烯烃一般装置规模小，平均规模仅为26.4万吨/年。我国单套规模80万吨/年以上乙烯装置有10套，合计产能996万吨/年，占比43.1%，单套规模60～80万吨/年的乙烯装置11套，合计产能739万吨，占比32%，单套规模60万吨/年以下的中小乙烯装置26套，合计产能575.5万吨，占比24.9%。

就产能分布而言，目前中国石油化工集团公司（中国石化）是我国最大的乙烯生产商，生产能力约占总生产能力的50.6%、中国石油天然气集团公司（中国石油）的生产能力约占27.9%、中国海洋石油集团有限公司的生产能力约占4.5%、其他企业的生产能力约占7.0%。中国石油独山子石化公司是目前我国最大的乙烯生产厂家，其生产能力约占总生产能力的5.8%；其次是中国石油大庆石化公司，其生产能力约占总生产能力的5.7%。

习题§4.3

一、填空题

1. 乙烯的分子式是________，结构式是________，结构简式是________。

2. 乙烯与高锰酸钾溶液的反应是________反应；与溴水发生的反应是________反应。在一定的条件下，乙烯还能发生________反应，生成聚乙烯。

3. 烯烃是分子里含有________键的不饱和烃的总称。烯烃的通式为

________，丙烯、1-丁烯结构简式分别是________________和____________________。

二、选择题

1. 下列物质中，不能使溴水和高锰酸钾酸性溶液褪色的是(　　)。

A. C_2H_4　　B. C_3H_6　　C. C_5H_{12}　　D. C_4H_8

2. 下列各对物质中，互为同系物的是(　　)。

A. $CH_3—CH_3$ 和 $CH_3—CH{=}CH_2$

B. $CH_3—CH{=}CH_2$ 和 $CH_3—CH_2—CH{=}CH_2$

C. $CH_3—CH_2—CH_3$ 和 $CH_3—CH{=}CH_2$

D. $CH_3CH_2CH_2CH_3$ 和 $CH_3CH_2CH_3$

3. 下列关于烷烃和烯烃的说法中，不正确的是(　　)。

A. 它们所含元素的种类相同，但通式不同

B. 均能与氯气发生反应

C. 烯烃分子中的碳原子数$\geqslant$2，烷烃分子中的碳原子数$\geqslant$1

D. 含碳原子数相同的烯烃和烷烃互为同分异构体

4. 下列关于乙烯的叙述中不正确的是(　　)。

A. 乙烯的化学性质比乙烷活泼

B. 乙烯燃烧时，火焰明亮，同时产生黑烟

C. 乙烯可作香蕉等水果的催熟剂

D. 乙烯双键中的一个键可以断裂，容易发生加成反应和取代反应

5. 既可用来鉴别甲烷与乙烯，又可除去甲烷中混有乙烯的方法是(　　)。

A. 燃烧　　B. 通入足量溴水中

C. 一定条件下通入 H_2　　D. 光照条件下通入 Cl_2

6. 下列物质中，其产量可以用来衡量一个国家石油化工发展水平的是(　　)。

A. 甲烷　　B. 乙烯　　C. 聚乙烯　　D. 乙醇

7. 对比甲烷和乙烯的燃烧反应，下列叙述中正确的是(　　)。

A. 二者燃烧时现象完全相同

B. 点燃前都不需验纯

C. 甲烷燃烧的火焰呈淡蓝色，乙烯燃烧的火焰较明亮

D. 二者燃烧时都有黑烟生成

三、解答题

1. 写出下列各物质间转化的化学方程式,并注明反应的类型。

$$\begin{array}{ccccc} & & CH_2BrCH_2Br & & \\ & & \uparrow & & \\ CH_3CH_2OH & \rightleftharpoons & CH_2=CH_2 & \longrightarrow & \text{[}CH_2-CH_2\text{]}_n \end{array}$$

2. 比较甲烷与氯气、乙烯与溴的反应,以及甲烷、乙烯在空气中燃烧的现象,把反应类型、反应条件、生成物和反应时发生的现象填入下表。

反应物	反应类型	反应条件	生成物	现象
甲烷、氯气				
乙烯、溴				
甲烷、氧气				
乙烯、氧气				

§4.4 乙　炔

乙炔俗称电石气,纯净的乙炔是没有颜色、没有气味的气体。实验室用电石(碳化钙)和水反应制得乙炔。

$$CaC_2 + 2H_2O \longrightarrow C_2H_2\uparrow + Ca(OH)_2$$

由电石产生的乙炔常因混有少量的 H_2S 等气体而有难闻的臭味。在标准状况下,乙炔的密度是 1.16 g/L,比空气的密度略小,微溶于水,易溶于有机溶剂。市售成品乙炔就是利用乙炔溶于丙酮的原理装入钢瓶出售的。

4.4.1 乙炔分子的结构

乙炔的分子式是 C_2H_2,两个碳原子之间共用 3 个电子对形成三键。乙炔的电子式是 $H:C\vdots\vdots C:H$;结构式是 $H—C\equiv C—H$ 或简写成 $HC\equiv CH$。可以看出乙炔的分子比乙烯的分子少两个氢原子,很显然乙炔属于不饱和烃。

图 4-9　乙炔分子的模型

4.4.2　乙炔的化学性质

乙炔分子中含有 C≡C 键，其中一个是典型的碳碳单键，比较牢固。另两个较弱，易受到外界的影响而断裂。乙炔的化学性质和乙烯基本相似，易发生氧化反应、加成反应。

1. 氧化反应

【实验 4-6】如图 4-10 所示，在平底烧瓶里放入几小块电石。轻轻旋开分液漏斗的活塞，使水缓慢地滴下，用排水法收集乙炔，观察乙炔的颜色、状态。反应放出的乙炔经验纯后点燃。观察乙炔燃烧时的现象。

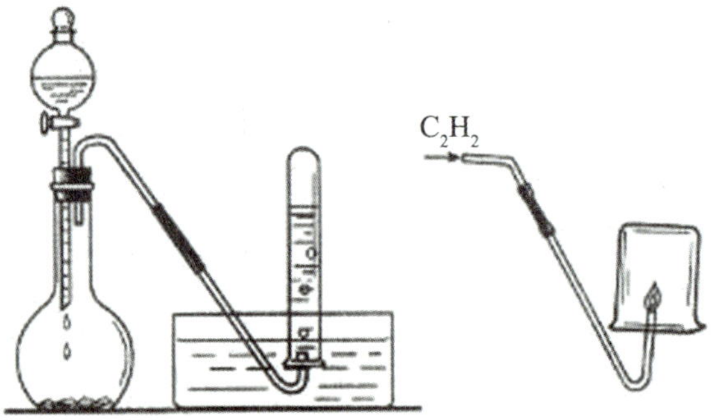

图 4-10　乙炔的制取和燃烧

乙炔燃烧时，火焰明亮并伴有浓烈的黑烟，放出大量的热。这是因为乙炔含碳的质量分数比乙烯高，碳没有完全燃烧的缘故。

乙炔燃烧的化学方程式为：

$$2C_2H_2 + 5O_2 \xrightarrow{\text{点燃}} 4CO_2 + 2H_2O$$

资料卡片

通常称乙炔在纯氧气中燃烧产生的火焰为氧炔焰。

乙炔在氧气里燃烧时，产生的氧炔焰的温度很高(3 000 ℃以上)，可用来切割和焊接金属。通常气焊工焊接时可以看到他后面连接着一个大的气罐，燃烧时火焰比较明亮，即为氧炔焰。乙炔和空气的混合物遇火时可能发生爆炸，在生产和使用乙炔时，一定要注意安全。

【实验 4-7】把纯净的乙炔通入盛有 $KMnO_4$ 酸性溶液的试管中，观察紫色溶液颜色的变化。

可以看到片刻后，溶液的紫色逐渐褪去。这说明乙炔也易被 $KMnO_4$ 所氧化。

2. 加成反应

【实验 4-8】把纯净的乙炔通入盛有溴水的试管，如图 4-11 所示，观察溶液颜色的变化。

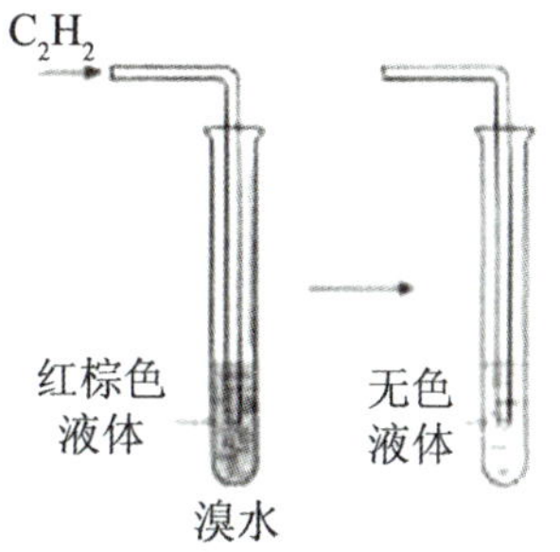

图 4-11　乙炔使溴水褪色

可以观察到，乙炔通入溴水后，溴水的红棕色逐渐褪去。这说明乙炔也能与溴水发生加成反应。反应过程可分步表示如下：

$$\mathrm{H{-}C{\equiv}C{-}H + Br{-}Br \rightarrow H{-}\underset{\substack{|\\Br}}{C}{=}\underset{\substack{|\\Br}}{C}{-}H}$$

$$\mathrm{H{-}\underset{\substack{|\\Br}}{C}{=}\underset{\substack{|\\Br}}{C}{-}H + Br{-}Br \rightarrow H{-}\overset{\substack{Br\\|}}{\underset{\substack{|\\Br}}{C}}{-}\overset{\substack{Br\\|}}{\underset{\substack{|\\Br}}{C}}{-}H}$$

与乙烯类似，在一定的条件下，乙炔也能与氢气、氯化氢等发生加成反应。

在 150～160℃ 和用氯化汞作催化剂的条件下，乙炔与氯化氢发生加成反应，生成氯乙烯：

$$\mathrm{HC{\equiv}CH + HCl \xrightarrow{催化剂} H_2C{=}CHCl}$$

在适当的条件下，氯乙烯可以通过加聚反应生成聚氯乙烯：

$$nCH_2{=}\underset{\underset{Cl}{|}}{CH} \longrightarrow [\!-CH_2-\underset{\underset{Cl}{|}}{CH}-]_n$$

聚氯乙烯是一种合成树脂,用于制备塑料和合成纤维。

4.4.3　炔烃

分子中含有碳碳三键的不饱和链烃叫作炔烃。除乙炔外,还有丙炔、丁炔等。表 4-5 是几种炔烃的名称、结构简式和物理性质。

表 4-5　几种炔烃的名称、结构简式和物理性质

名称	结构简式	常温状态	熔点/℃	沸点/℃	相对密度
乙炔	$CH{\equiv}CH$	气	−80.8	−84	0.620 8
丙炔	$CH_3C{\equiv}CH$	气	−101.5	−23.2	0.706 2
1-丁炔	$CH_3CH_2C{\equiv}CH$	气	−125.7	8.1	0.678 4
1-戊炔	$CH_3CH_2CH_2C{\equiv}CH$	液	−90	40.2	0.690 1

从表中可以看出,炔烃分子里氢原子的数目比含相同碳原子数目的烯烃分子还要少 2 个,乙炔的同系物之间也是相差一个“CH_2”原子团,所以炔烃的通式是 C_nH_{2n-2}($n\geqslant 2$)。乙炔是最简单的炔烃。

与烷烃和烯烃相似,炔烃的物理性质也是随着碳原子数目的增加而递变。

由于炔烃中都含有相同的碳碳三键,炔烃的化学性质与乙炔相似,如都易被 $KMnO_4$ 氧化,易发生加成反应等。

思考与交流

说明乙炔、乙烯、乙烷的化学性质与其结构有什么关系。

科学视野

PVC(聚氯乙烯)的发明和应用

PVC 的发明过程很有意思。这要从 100 多年前的德国说起——当时电的价格很贵,照明用灯一般是用乙炔气为燃料的。

德国一些企业认为乙炔气是一个很大的市场,就投资制造了大量的乙炔气。可就在大量的乙炔被生产出来时,新型发电机被发明了。随之而来的是电价的大幅度下降,从此再没有人用乙炔气灯了。这样一来,大量的乙炔气就没用了。为了利用这些乙炔气,在 1912 年的时候,有一个叫 Fritzklatte 的德国化学家,将乙炔与盐酸反应得到了氯乙烯。他把得到的氯乙烯放在实验室的架子上，过了一段时间，发现氯乙烯聚合了。聚氯乙烯就这样被发明了。

遗憾的是，当时他并不知道聚氯乙烯有什么用处，虽然他所在的公司将聚氯乙烯这种材料在德国申请了专利，但直到1925年专利过期，他们也没有想出聚氯乙烯有什么用途。然而就在一年后，即1926年，美国化学家Waldo Semon又一次独立地发明了聚氯乙烯，而且发现这种材料具有优良隔水性能，非常适合作浴帘。

于是，Semon和他所在的公司将聚氯乙烯在美国申请了专利，就这样PVC开始被大量应用。

PVC的应用概述：

聚氯乙烯是用途最广泛的通用塑料之一，主要应用于以下多个方面：

1. 化工设备：管道、贮槽、反应器及反应器衬里、烟囱、鼓风机、泵及阀门。

2. 建筑：墙纸、地板、建筑板材、门窗以及防水卷材。

3. 电子电器：电线电缆绝缘层、电线套管、电池套管、槽线盒等。

4. 包装：中空吹塑包装瓶，(当时)可用于食品、调味品、饮料等包装、包装各种物品的软包装、啤酒瓶盖及饮料瓶盖内衬。

5. 汽车：内饰件及各种部件的表皮套等、汽车仪表电线绝缘层及护套、护管。

6. 其他：日用品，如凉鞋、拖鞋、盘、盆、盒、水池、洗衣板等；薄膜用品，如农用薄地膜、雨衣薄膜、民用薄膜等；小型机械零件，手轮、螺栓、阀门、支架等。

7. 玩具。

习题§4.4

一、填空题

1. 分子里含有________的链烃叫作炔烃。乙炔俗称________，纯净的乙炔是没有颜色、没有气味的气体。实验室用________和______反应制得乙炔。1 mol C_2H_2 最多可与________ mol Br_2 加成。

2. 乙炔的电子式是________，结构式是__________，结构简式是________________。

3. 现有6种链烃：C_8H_{16}、C_9H_{16}、$C_{15}H_{32}$、$C_{17}H_{34}$、C_7H_{14}和C_8H_{14}，其中属于烷烃的是________，属于烯烃的是________，属于炔烃的是________。

4. 在下述反应中，属于取代反应的是________，属于氧化反应的是________，属于加成反应的是________。

① 由乙烯制氯乙烷；② 乙烷在空气中燃烧；③ 乙烯使溴水褪色；④ 乙烯使 $KMnO_4$ 酸性溶液褪色；⑤ 乙烷在光照下与氯气反应。

二、选择题

1. 下列有关乙炔性质的叙述中，既不同于乙烯又不同于乙烷的是(　　)。

A. 能燃烧生成二氧化碳和水　　B. 能发生加成反应

C. 能与高锰酸钾发生氧化反应　　D. 能与氯化氢反应生成氯乙烯

2. 相同质量的下列各烃，完全燃烧后生成 CO_2 最多的是(　　)。

A. 甲烷　　B. 乙烷　　C. 乙烯　　D. 乙炔

3. 1 mol 某烃完全燃烧可得到 2 mol CO_2；在一定条件下，1 mol 该烃能与 2 mol H_2 发生加成反应，这种烃是(　　)。

A. CH_4　　B. C_2H_4　　C. C_2H_2　　D. C_3H_4

4. 关于炔烃的下列叙述不正确的是(　　)。

A. 分子里含有碳碳三键的不饱和链烃叫炔烃

B. 炔烃的通式是 C_nH_{2n-2}

C. 炔烃易发生加成反应，也易发生氧化反应

D. 炔烃可以使溴水褪色，也可以使 $KMnO_4$ 酸性溶液褪色

三、写出下列各步变化的化学方程式，注明反应的类型，并分析各类反应发生在哪类物质之间

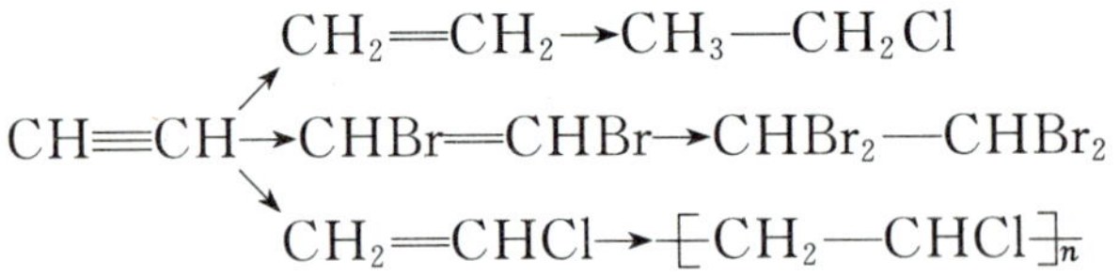

§4.5　苯

在有机化合物中，有很多含有一个或多个苯环的碳氢化合物，这样的化合物属于芳香烃，简称芳烃。苯是最简单、最重要的一种芳烃。

苯是没有颜色、有特殊气味的液体，苯有毒，不溶于水，密度比水小，熔点为 5.5℃，沸点为 80.1℃。如果用冰来冷却，可以凝结成无色的晶体。

4.5.1　苯分子的结构

苯的分子式是 C_6H_6，结构式可以表示为：

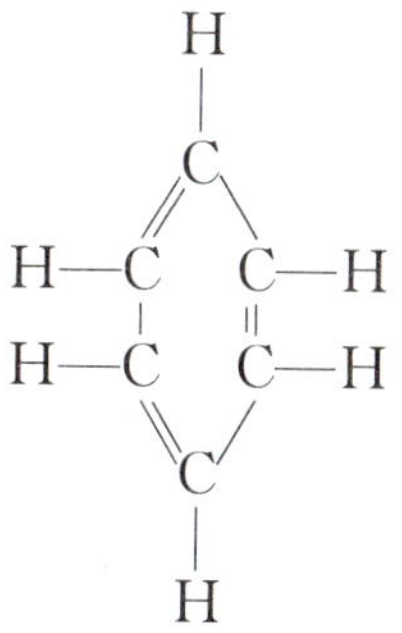

或简写为

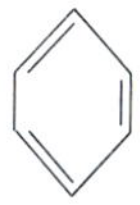

。

思考与交流

1. 讨论表 4-6 中苯的部分用途，体会它作为基本化工原料的重要价值。

表 4-6　苯的部分用途

苯	→洗涤剂
	→聚苯乙烯塑料→雷达部件、电视、灯饰外壳，医疗用具等
	→溶剂
	→锦纶→纺织材料等
	→增塑剂
	→消毒剂
	→染料

2. 比较苯与烷烃、烯烃的结构式，分析苯分子中碳原子的成键特点，你认为苯可能有哪些化学性质？

3. 如何设计实验证明你的推测？

从这样的结构式(又称凯库勒式)来推测，苯的化学性质应显示出极不饱和的性质。是不是这样呢？让我们仔细观察下面的实验。

【实验 4-9】在盛有苯的试管里，加入 $KMnO_4$ 酸性溶液，如图 4-12 所示，结果溶液颜色保持不变。

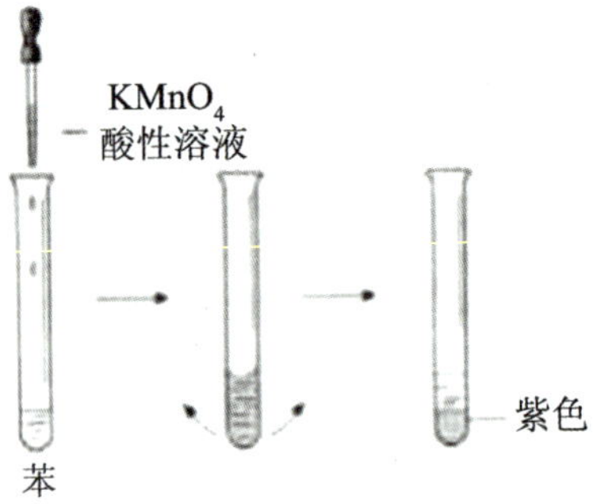

图 4-12　苯不能使 $KMnO_4$ 酸性溶液褪色

这说明苯与 $KMnO_4$ 酸性溶液不发生反应。苯不能使溴水褪色的实验也证明苯不能与溴水发生反应。

由此可知，苯在化学性质上与烯烃有很大的差别。这是为什么呢？

通过对苯分子结构的进一步研究表明，苯分子具有平面正六边形结构，苯分子里 6 个碳原子之间的键完全相同，是一种介于单键和双键之间的独特的键。为了表示苯分子的结构特点，常用结构简式 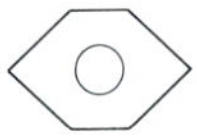 来表示苯分子。

4.5.2　苯的化学性质

苯的独特结构决定了它的化学活泼性介于烷烃和烯烃之间。

1. 取代反应

苯有类似饱和烃的性质，苯环上的氢原子能被其他原子或原子团所取代。

(1) 苯与溴的反应

在有 $FeBr_3$ 催化剂存在时，苯与溴发生反应，苯环上的氢原子被溴原子取代，生成溴苯，溴苯是无色液体，密度大于水。苯与溴反应的化学方程式是：

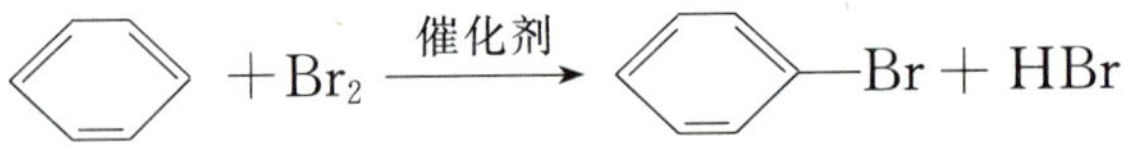

在催化剂的作用下，苯也可以与其他卤素发生取代反应。

(2) 苯的硝化反应

苯与浓硝酸和浓硫酸的混合物共热至 55～60℃ 发生反应，苯环上的氢原子被硝基($—NO_2$)取代，生成硝基苯：

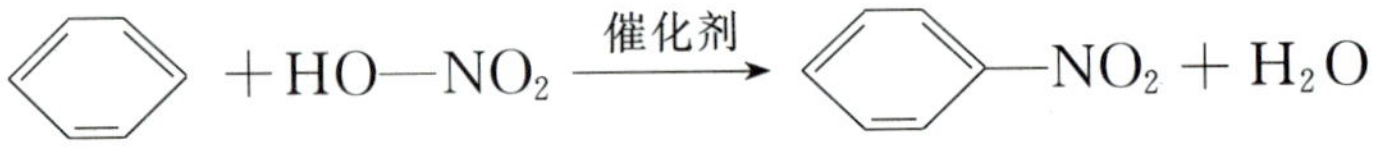

苯分子里的氢原子被 $—NO_2$ 所取代的反应，叫作**硝化反应**。硝酸分子中的“$—NO_2$”原子团叫作**硝基**。

纯净的硝基苯是一种带有苦杏仁味的、淡黄色的油状液体，密度比水大。硝基苯有毒，是制造染料的重要原料。

2. 苯的加成反应

虽然苯不具有典型的碳碳双键所应有的加成反应的性质，但在特定的条件下，苯仍然能发生加成反应。例如，在有镍催化剂的存在和 180～250℃ 的条件下，苯可以与氢气发生加成反应，生成环己烷（C_6H_{12}）。

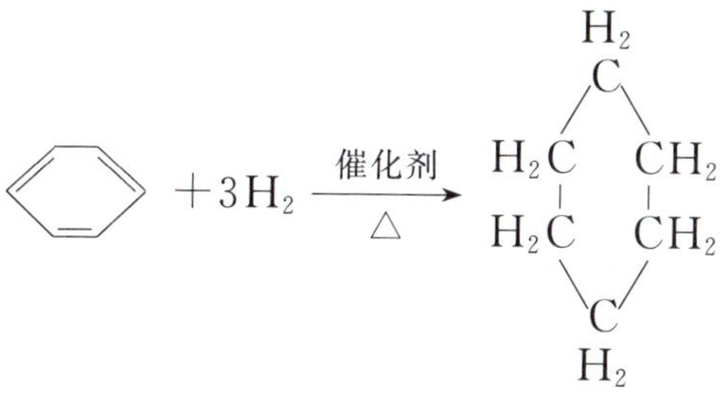

3. 苯的氧化反应

像大多数有机化合物一样，苯也可以在空气中燃烧，生成二氧化碳和水。

$$2C_6H_6 + 15O_2 \xrightarrow{\text{点燃}} 12CO_2 + 6H_2O$$

苯燃烧时产生明亮的带有浓烟的火焰，这是由于苯分子里碳的质量分数很大的缘故。

资料卡片

分子中含有一个或多个苯环的一类碳氢化合物，属于芳香烃。芳香化合物是一种习惯说法。历史上的芳香族化合物是一类从植物胶中提取的有芳香气味的物质，实际上芳香族化合物并不一定都有香味，芳香族化合物一词已失去了原来的意义。

4.5.3　苯的同系物

甲苯 C_7H_8、二甲苯 C_8H_{10} 等化合物的分子里都含有一个苯环结构。它们都是苯的同系物。苯的同系物的通式是 C_nH_{2n-6}（$n \geq 6$），它们都是芳香烃。

苯分子里的 1 个氢原子被甲基取代后生成甲苯 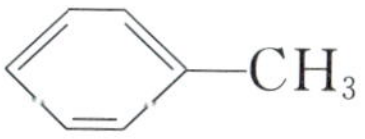 。2 个氢原子被 2 个甲基取代后，生成二甲苯。由于取代位置不同，二甲苯有下列三种同分异构体：

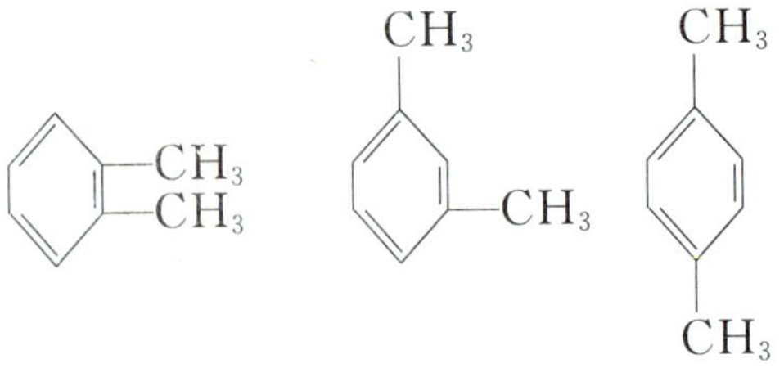

邻二甲苯　　间二甲苯　　对二甲苯

苯的同系物在性质上跟苯有许多相似之处,如燃烧时都产生带有浓烟的火焰,都能发生取代反应等。

科学视野

苯的发现和苯分子结构学说

苯是在1825年由英国科学家法拉第首先发现的。19世纪初,英国和其他欧洲国家一样,城市的照明已普遍使用煤气。从生产煤气的原料中制备出煤气之后,剩下一种油状的液体却长期无人问津。法拉第是第一位对这种油状液体感兴趣的科学家。他用蒸馏的方法将这种油状液体进行分离,得到另一种液体,实际上就是苯系列物。当时法拉第将这种液体称为“氢的重碳化合物”。

1834年,德国科学家米希尔里希通过蒸馏苯甲酸和石灰的混合物,得到了与法拉第所制液体相同的一种液体,并命名为苯。待有机化学中正确的分子概念和原子价概念建立之后,法国化学家日拉尔等人又确定了苯的相对分子质量为78,分子式为C_6H_6。苯分子中碳的相对含量如此之高,使化学家感到惊讶。如何确定它的结构式呢?化学家为难了:苯的碳、氢比值如此之大,表明苯是高度不饱和的烃,但它又不具有典型的不饱和烃应具有的易发生加成反应的性质。

德国化学家凯库勒是一位极富想象力的学者,他曾提出了碳四价和碳原子之间可以连接成链这一重要学说。对苯的结构,他在分析了大量的实验事实之后认为:这是一个很稳定的“核”,6个碳原子之间的结合非常牢固,而且排列十分紧凑,它可以与其他碳原子相连形成芳香族化合物。于是,凯库勒集中精力研究这6个碳原子的“核”。在提出了多种开链式结构而又因其与实验结果不符被一一否定之后,1865年,他终于悟出闭合链的形式是解决苯分子结构的关键,他以苯的Ⅰ式(图4-13)表示这一结构。1866年他又提出苯分子是一个由6个碳原子以单、双键相互交替结合而成的环状链Ⅱ式，后简化为Ⅲ式，也就是我们现在所说的凯库勒式。

Ⅰ　Ⅱ　Ⅲ

图4-13　凯库勒提出的苯分子的几种结构式

有人曾用6只小猴形象地表示苯分子的结构。

关于凯库勒悟出苯分子的环状结构的经过，一直是化学史上的一个趣闻。据他自己说这来自于一个梦。那是他在比利时的根特大学任教时，一天夜晚，他在书房中打起了瞌睡，眼前又出现了旋转的碳原子。碳原子的长链像蛇一样盘绕卷曲，忽见一蛇叼住了自己的尾巴，并旋转不停(图4-14)。他像触电般地猛醒过来，整理苯环结构的假说，又忙了一夜。对此，凯库勒说："我们应该会做梦……那么我们就可以发现真理……但不要在清醒的理智检验之前，就宣布我们的梦。"

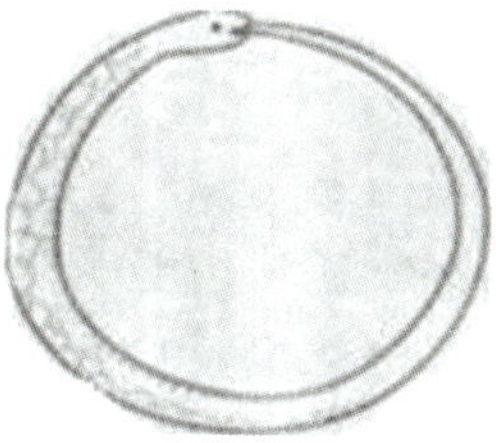

图4-14　蛇形苯环图

应该指出的是，凯库勒能够从梦中得到启发，成功地提出重要的结构学说，并不是偶然的。这是由于他善于独立思考，平时总是冥思苦想有关原子、分子以及结构等问题，才会梦其所思；更重要的是，他懂得化合价的真正意义，善于捕捉直觉形象；加之以事实为依据，以严肃的科学态度进行多方面的分析和探讨，这一切都为他取得成功奠定了基础。

习题§4.5

一、填空题

1. 含有________的碳氢化合物，叫作芳香烃，简称芳烃。________是最简单、最重要的一种芳烃。

2. 苯与甲烷都可以发生取代反应，反应条件分别是________；苯与乙烯都可以发生加成反应,反应条件分别是________。

3. 苯的结构式是________,苯分子中的________个碳碳键是一种介于________的特殊的化学键。

4. 苯的同系物的通式是________。

二、选择题

1. 下列物质中,在一定条件下既能起加成反应,也能起取代反应,但不能使 $KMnO_4$ 酸性溶液褪色的是(　　)。

A. 乙烷　　B. 苯　　C. 乙烯　　D. 乙炔

2. 苯与乙烯相比较,下列叙述正确的是(　　)。

A. 都容易发生取代反应

B. 都容易发生加成反应

C. 乙烯易发生加成反应,苯只能在特殊条件下才发生加成反应

D. 乙烯易被 $KMnO_4$ 氧化,苯不能被 $KMnO_4$ 氧化

3. 下列关于苯的说法中,正确的是(　　)。

A. 苯的分子式为 C_6H_6,它不能使 $KMnO_4$ 酸性溶液褪色,属于饱和烃

B. 从苯的凯库勒式看,苯分子中含有碳碳双键,应属于烯烃

C. 在催化剂作用下,苯与液溴反应生成溴苯,发生了加成反应

D. 苯分子为平面正六边形结构,6 个碳原子之间的价键完全相同

4. 下列过程中所发生的化学变化属于取代反应的是(　　)。

A. 光照射甲烷与氯气的混合气体

B. 乙烯通入溴水中

C. 在镍作催化剂的条件下,苯与氢气反应

D. 苯与液溴混合后撒入铁粉

5. 下列物质与水混合后静置,不出现分层的是(　　)。

A. 三氯甲烷　　B. 乙醇

C. 苯　　D. 四氯化碳

6. 利用下列反应不能制得括号中纯净物质的是(　　)。

A. 乙烯与氯气加成(1,2-二氯乙烷)

B. 等物质的量的氯气与乙烷在光照条件下反应(氯乙烷)

C. 乙烯与水加成(乙醇)

D. 氯气与苯用氯化铁作催化剂反应(氯苯)

三、解答题

1. 试通过实验来区别苯、甲烷、乙烯。

2. 说明苯的化学性质与其结构有什么关系?

3. 写出下述变化的化学方程式,并注明反应条件和反应类型。

(1) 苯→溴苯;

(2) 苯→硝基苯;

(3) 苯→环己烷。

§4.6　石油和煤的综合利用

迄今为止,石油和煤仍是人类使用的主要能源,同时它们也是十分重要的化工原料。如何实现石油和煤的综合利用,提高利用率,减少它们燃烧时所造成的环境污染,是人类面临的重大挑战。

4.6.1　石油的精炼

石油是埋藏在地底下的褐色或黑色的黏稠液体。从油井中开采出来的未经加工的石油俗称**原油**。它不是单纯的化合物,而是由上百种碳氢化合物和少量含氧、硫和氮的有机物所组成的混合物。其主要成分是烷烃、环烷烃和芳香烃。因此,原油不能直接使用,需经过一系列加工炼制方能适合于不同的用途。

石油精炼的主要目的一方面是将这些混合物进行一定程度的分离,使它们各尽其用;另一方面是将含碳原子多的烃转变成含碳原子较少的烃,以提高汽油的产量和质量。

1. 石油的分馏

石油是烃的混合物,因此没有固定的沸点。在烃分子里,一般含碳原子数越少,沸点越低。因此,在给石油加热时,低沸点的烃先汽化,经过冷凝后分离出来。随着温度的升高,较高沸点的烃再汽化,经过冷凝后又分离出来。这样不断地加热和冷凝,就可以把石油分成不同沸点范围的蒸馏产物。这种方法就是**石油的分馏**。分馏出来的各种成分叫作**馏分**。每一种馏分仍然是多种烃的混合物。

【实验 4-10】如图 4-15 所示，将 100 mL 石油注入到蒸馏烧瓶中，再加入几片碎瓷片以防石油暴沸。然后加热，分别收集 60～150℃ 和 150～300℃ 时的馏分，就可以得到汽油和煤油。

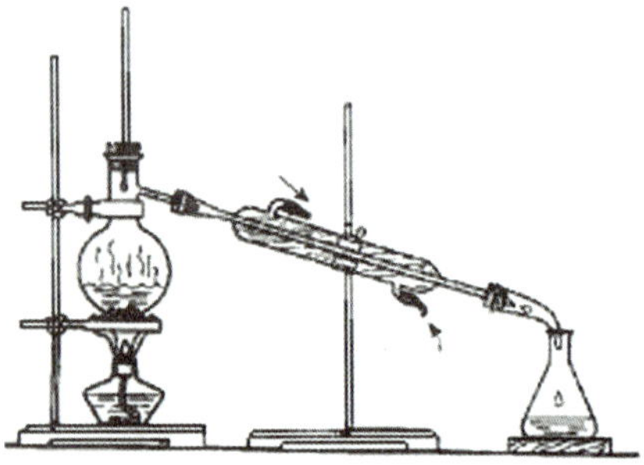

图 4-15　实验室蒸馏石油

在炼油厂中分馏石油的原理与上述实验是一样的，只是设备大、精度高，能进行连续生产。石油分馏的产品及其用途如表 4-7 所示。

表 4-7　石油分馏的产品及其用途

分馏产品		分子所含碳原子数	沸点范围	用途
石油气		C1～C4	40℃以下	化工原料、燃料
溶剂油		C5～C8	30～150℃	溶剂
汽油		C5～C11	220℃以下	汽车、飞机的燃料
煤油		C10～C16	150～310℃	飞机、拖拉机燃料和工业洗涤
柴油		C15～C18	200～360℃	重型汽车、轮船燃料
重油	润滑油	C16～C20	360℃以上	机械上的润滑剂
	凡士林	C18～C22		润滑剂、防锈剂
	石蜡	C20～C30		制蜡纸、绝缘材料
	沥青	C30～C40		铺路、建筑材料

2. 石油的裂化和裂解

用分馏方法一般只能得到 15％～20％的汽油，为了得到更多的的汽油来满足社会的需求，还可以采用裂化的方法把重油转化为汽油等轻质油。

裂化就是在一定的条件下，将相对分子质量较大、沸点较高的烃断裂为相对分子质量较小、沸点较低的烃的过程。例如：

$$C_{16}H_{34} \xrightarrow[\text{加热、加压}]{\text{催化剂}} C_8H_{18} + C_8H_{16}$$

十六烷　　　　辛烷　　辛烯

在催化剂作用下进行的裂化，又叫作催化裂化。

裂解是石油化工生产过程中，以比裂化更高的温度使石油分馏产物中的长链烃断裂成乙烯、丙烯、甲烷等短链烃的加工过程。可见，裂解是一种更深度的裂化。裂解气经净化和分离，就可以得到纯度较高的乙烯、丙烯等基本有机化工原料。目前，石油裂解已成为生产乙烯的主要方法。

思考与交流

1. 以石油为例，请你分析和归纳作为一种比较好的能源应该具有哪些特点。

2. 每升汽油燃烧时能产生约 3.5×10^4 kJ 的能量，气缸只能将其中的部分能量转化为有用功，损耗的能量主要转化成了什么？

4.6.2　煤的综合利用

煤是地球上储量最多的化石燃料，全世界的总储量估计有 13 万亿吨。

构成煤的主要元素除碳外，还含有氢、氮、硫、氧、磷等。其可燃的成分主要是碳和氢。煤是由有机物和少量无机物组成的复杂的混合物。

煤可以分为无烟煤、烟煤、褐煤和泥煤等，它们的含碳量不同(表 4-8)，发热量也不同，一般含碳量高的，发热量也高。

表 4-8　各种煤的含碳量范围

煤的种类	无烟煤	烟煤	褐煤	泥煤
碳的质量分数(%)	80～95	70～85	50～70	约 50

在煤的综合利用过程中，人们最为关注并一直致力于研究的问题是：如何提高煤燃烧的热效率，如何解决燃煤引起的污染以及如何分离提取煤中的化学原料。目前，已有实用价值的办法主要是煤的干馏和煤的气化。

通过煤的干馏、煤的气化而获得洁净的燃料和多种化工原料，是实现煤的综合利用的主要途径。

1. 煤的干馏

【实验 4-11】如图 4-16 所示，将烟煤粉放入铁管(或瓷管)里隔绝空气加强热，观察有什么现象发生。待玻璃管尖嘴处有气体逸出时，点燃该气体。

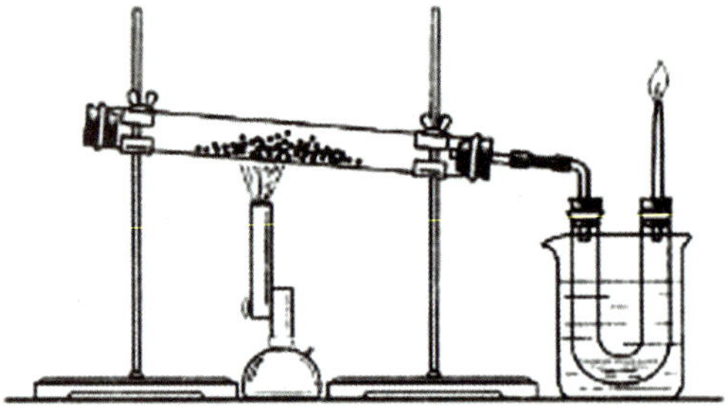

图 4-16　煤的干馏实验

煤粉受到强热后，有气体生成。这些气体经过冷却，一部分在 U 形管中凝结并分为两层，上层为澄清、透明的水溶液，下层为黑褐色黏稠的油状物——煤焦油。另一部分没有凝结的气体可以点燃，这种气体叫作焦炉气。反应完毕后，留在铁管中的黑灰色的固体物质叫作焦炭。显然，在上述实验里，煤发生了分解。

这种将煤隔绝空气加强热使其分解的过程，叫作煤的干馏，也叫煤的焦化。煤干馏的主要产品及其用途如表 4-7 所示。

表 4-9　煤干馏的主要产品及其用途

干馏	产品	主要成分	主要用途
出炉煤气	焦炉气	氢气、甲烷、乙烯、一氧化碳	气体燃料、化工原料
	粗氨水	氨、铵盐	氮肥
	粗苯	苯、甲苯、二甲苯	炸药、染料、医药、农药、合成材料
煤焦油		苯、甲苯、二甲苯	
		酚类、萘	染料、医药、农药、合成材料
		沥青	筑路材料、制碳素电极
焦炭		碳	冶金、合成氨造气、电石、燃料

2. 煤的气化

煤的气化是把煤中的有机物转化为可燃性气体的过程。煤气化的主要化学反应是碳和水蒸气的反应。

$$C(s)+H_2O(g)\xrightarrow{\text{高温}}CO(g)+H_2(g)$$

生成的产物 $CO+H_2$ 称为水煤气，水煤气中的 CO 和 H_2 燃烧时可放出大量的热，且燃烧的产物不会造成环境污染。

我国是世界上最大的耗煤国家，但占总量 70% 的煤都被直接烧掉，既浪费了资源，又污染了环境。因此，积极开展煤的综合利用是十分重要的。

资料卡片

天然气是蕴藏在地层中的可燃性气体，主要成分是甲烷，其含量可达80%～90%。另外还含有少量的乙烷、丙烷和丁烷。它主要存在于油田和天然气田。天然气燃烧后无废渣、废水产生，而且燃烧值和发热量高，约为煤的两倍，再加上管道输送也很便利。因此要大力推广使用天然气能源。

科学视野

汽油的辛烷值

“辛烷值”是人们用来衡量汽油质量的一种重要指标，它表示了汽油爆震程度的大小。什么是汽油的爆震呢？我们知道，汽油机吸气时，将汽油和空气的混合物吸入汽缸中，通过压缩使气体混合物产生热量，达到一定程度后经点火便会燃烧。但是一部分汽油不等点火就提前发生了爆炸式燃烧，这种不能控制的燃烧过程，通过汽油机的响声或震动表现出来，这种现象叫作爆震。汽油的爆震既损失能量、浪费燃料，又损坏汽缸。爆震现象与汽油的化学组成有关，汽油中直链烷烃在燃烧时易发生爆震，芳香烃和带有支链的烷烃则不易发生爆震。经过比较发现，汽油中以正庚烷的爆震程度最大，而异辛烷的爆震性最小。人们把衡量爆震程度大小的标准叫作辛烷值，把正庚烷的辛烷值定为0，异辛烷的辛烷值定为100。辛烷值越高，汽油的抗爆震性能就越好。

需要注意的是，辛烷值只表示汽油的爆震程度，并不表示汽油中异辛烷的真正含量。我国目前使用的车用汽油的牌号就是按照汽油辛烷值的大小划分的。例如，90号汽油表示该汽油的辛烷值不低于90。

为了提高汽油的辛烷值，过去广泛采用的一种方法是在汽油中添加抗爆震剂——四乙基铅。四乙基铅是一种带水果味、具有毒性的油状液体，它可以通过呼吸道、食道或皮肤进入人体，而且很难排泄出去。当人体内的含铅量积累到一定量(大约100 mL血液中含80 μg)时，就会发生铅中毒。所以，目前世界上许多国家都已限制汽油中铅的加入量，逐步实行低铅化和无铅化。在我国，北京等一些城市已禁止销售含铅汽油；2010年全国已实现汽油无铅化。实现汽油无铅化，提高汽油辛烷值，目前主要是通过两种途径：一是改进炼油技术，发展能生产高辛烷值汽油组分的炼油新工艺；二是研究和开发新的提高汽油辛烷值的添加剂，代替四乙基铅作为汽油的抗爆剂。

习题 § 4.6

一、填空题

1. 石油的主要成分是________、________、________。

2. 煤是由________和________组成的复杂的混合物。

3. 将煤隔绝空气加强热使其分解的过程，叫作________，也叫________。

4. 我国南海油气资源丰富，石油经过加工可得到石油液化气，假设某石油液化气的主要成分为 C_3H_8，写出其完全燃烧的化学方程式____________。

5. 有人称煤炭是“工业的粮食”，通过煤的综合利用可以获得重要化工原料，如焦炭，它是煤的________（填“蒸馏”或“干馏”）产物，可用于________（填出一种用途）；以煤为原料可以制得水煤气，其反应的化学方程式为________________________。

二、选择题

1. 下列石油的炼制和加工过程中，属于化学变化的是(　　)。

A. 常压分馏　　B. 减压分馏　　C. 裂化　　D. 裂解

2. 下列物质中，没有固定沸点的是(　　)。

A. 乙烯　　B. 苯　　C. 汽油　　D. 乙炔

3. 煤高温馏出的产物中，可用作燃料的是(　　)。

A. 焦炭　　B. 煤焦油　　C. 焦炉气　　D. 粗氨水

4. 下列关于石油的说法正确的是(　　)。

A. 石油属于可再生矿物能源

B. 石油主要含有碳、氢两种元素

C. 石油的裂化是物理变化

D. 石油分馏的各馏分均是纯净物

5. 下列转化不属于煤或石油的综合利用的是(　　)。

A. 将煤干馏制得煤焦油和焦炭

B. 在一定条件下将煤与氢气转化为液体燃料

C. 将煤做成煤饼作燃料

D. 将石油裂解制得乙烯等化工原料

6. 下列说法中，不正确的是(　　)。

A. 人类目前直接利用的能量大部分是由化学反应产生的

B. 煤、石油、天然气是当今世界重要的三种化石燃料

C. 我国目前最主要的能源是煤炭

D. 人体运动所消耗的能量与化学反应无关

7. 下列说法正确的是(　　)。

A. 天然气是高效清洁燃料

B. 液化石油气的主要成分是 CO

C. 汽油中只含有烷烃

D. 天然气的主要成分是乙烷

三、解答题

1. 煤的直接燃烧存在哪些问题？煤的间接利用主要有哪些途径？

2. 煤干馏后得到的固体、液体和气体分别主要含有什么物质？

3. 石油精炼的主要目的是什么？

归纳与整理

一、有机物的结构特点

1. 成键特点

在有机物中，碳呈四价。碳原子既可与其他原子形成共价键，碳原子之间也可相互成键，既可以形成单键，也可以形成双键或三键；碳碳之间可以形成长的碳链，也可以形成碳环。

2. 同系物

结构相似，在分子组成上相差一个或若干个“CH_2”原子团的有机物，互称同系物。

3. 同分异构体

分子式相同，结构不同的化合物互称为同分异构体。

二、各类烃的结构特点和主要化学性质

化合物名称	甲烷	乙烯	乙炔	苯
结构简式				
所属烃类的结构特点				
所属烃类的通式				
实验室制取原理				
氧化反应				
取代反应				
加成反应				
加聚反应				

三、石油和煤

石油和煤都是重要的化工原料，也是重要的能源。

1. 石油的炼制主要有分馏、裂化、裂解

分馏：根据各成分沸点不同，通过不断地加热和冷凝，把石油分离成不同沸点范围的蒸馏产物的过程。

裂化：可使较长碳链断裂成较短的碳链，主要产物是相对分子质量较小的液态烃。

裂解：深度裂化，主要产物是乙烯等气态烃。

2. 煤的综合利用主要有煤的干馏和气化

干馏：将煤隔绝空气加强热使其分解的过程，叫作煤的干馏，也叫煤的焦化。

气化：把煤中的有机物转化为可燃性气体的过程。

复　习　题

一、填空题

1. 有机物种类繁多、数量庞大，目前约有________种，而无机物却只有________种。

2. 结构相似，在分子组成上相差一个或若干个“CH_2”原子团的有机物，互称________。

3. 在有机物中，碳呈________价。碳原子与其他原子形成________键。

4. 分别完全燃烧1 mol C_2H_6、1 mol C_2H_4、1 mol C_2H_2，需要氧气最多的是________；生成水最少的是________；生成________的质量相等。

5. 烷烃、烯烃、炔烃、芳香烃的通式分别为__________、__________、__________、________。

6. 石油裂化的主要产物是________。石油裂解的主要产物是____________。

7. 煤的焦化主要生产________、________、________等物质。

二、选择题

1. 下述关于烃的说法中，正确的是(　　)。
   A. 烃是指分子里含有碳、氢元素的化合物
   B. 烃是指分子里含碳元素的化合物
   C. 烃是指燃烧反应后生成二氧化碳和水的有机物
   D. 烃是指仅由碳和氢两种元素组成的化合物

2. 在下列反应中，光照对反应几乎没有影响的是(　　)。
   A. 氯气与氢气的反应　　B. 氯气与甲烷的反应
   C. 氧气与甲烷反应　　D. 次氯酸的分解

3. 酸雨的形成主要是由于(　　)。
   A. 森林遭到乱砍滥伐，破坏了生态环境
   B. 含硫化石燃料的大量燃烧
   C. 大气中二氧化碳的含量增大
   D. 汽车排出大量尾气

4. 下列变化中，由加成反应引起的是(　　)。
   A. 乙炔通入高锰酸钾酸性溶液中，高锰酸钾溶液褪色
   B. 乙烯在一定温度、压强和催化剂的作用下，聚合为聚乙烯
   C. 在一定条件下，苯滴入浓硝酸和浓硫酸的混合液中，有油状物生成
   D. 石油裂解后所得气体通入溴水中，溴水褪色

5. 下列各组物质中，能用高锰酸钾酸性溶液鉴别的是(　　)。
   A. 乙烯、乙炔　　B. 乙烯、苯
   C. 苯、甲烷　　D. 苯、乙炔

6. 能通过化学反应使溴水褪色，又能使高锰酸钾酸性溶液褪色的

是(　　)。

A. 苯　　B. 氯化铁　　C. 乙烷　　D. 乙烯

7. 下列过程中所发生的化学反应属于取代反应的是(　　)。

A. 光照射甲烷与氯气的混合气体

B. 乙烯通入溴水中

C. 在镍作催化剂的条件下,苯与氢气反应

D. 苯与液溴混合后撒入铁粉

8. 下列变化属于物理变化的是(　　)。

A. 煤的干馏　　B. 石油的分馏

C. 重油的裂化　　D. 石油的裂解

9. 对重油进行裂化的主要目的是(　　)。

A. 得到各种馏分的烃　　B. 生成饱和及不饱和的气态烃

C. 提高汽油的产量和质量　　D. 得到较多量的润滑油和凡士林

10. 我国许多城市已经推广使用清洁燃料,如压缩天然气类和液化石油气类。这两类燃料的主要成分是(　　)。

A. 醇类　　B. 一氧化碳　　C. 氢气　　D. 烃类

三、解答题

1. 在实验室如何鉴别氢气、甲烷、乙烯这三种无色气体?

2. 同系物和同分异构体有何区别? 举例说明。

3. 以乙烷、乙烯为例,说明饱和烃与不饱和烃在结构、性质上有哪些不同。

4. 写出下列反应的化学方程式,并注明反应类型。

(1) 甲烷跟氯气见光的反应;

(2) 乙烯跟水的反应;

(3) 由乙烯制备聚乙烯的反应;

(4) 乙炔与溴水的反应;

(5) 苯与硝酸和浓硫酸的反应。

第5章 烃的衍生物

烃分子里的氢原子被其他原子或原子团取代后的产物，叫作**烃的衍生物**。例如前面提到的各种氯甲烷、硝基苯等都属于烃的衍生物。

烃的衍生物的化学特性与相应的烃不同。这是因为取代氢原子的其他原子或原子团对烃的衍生物的性质起着很重要的作用。这种决定有机物化学特性的特殊原子或原子团叫作**官能团**。卤素原子（$-X$）、硝基（$-NO_2$）都是官能团。而碳碳双键和碳碳三键则分别是烯烃和炔烃的官能团。

烃的衍生物一般是按官能团来分类的，具有相同官能团的有机物化学性质基本相似。

烃的衍生物的种类很多，本章只介绍几种生活中常见的，如乙醇、乙醛、乙酸等。

§5.1 乙　醇

淀粉在酶的作用下，发酵就变成了酒。我国是酒的发源地，酿酒历史悠久。酒的主要成分就是乙醇，乙醇俗称酒精。

5.1.1 乙醇分子的结构和物理性质

乙醇（图5-1）的分子式是C_2H_6O，结构式是：

$$\begin{array}{ccccccc} & & H & & H & & \\ & & | & & | & & \\ H & - & C & - & C & - & OH \\ & & | & & | & & \\ & & H & & H & & \end{array}$$

，结构简式为CH_3CH_2OH或C_2H_5OH。

乙醇是一种无色、透明而具有特殊香味的液体。易挥发，比水轻，20℃时

图 5-1 乙醇分子的比例模型

的密度是 0.789 3 g/mL，沸点 78.5℃。乙醇能够溶解多种有机物和无机物，能与水以任意比互溶。工业酒精约含乙醇 96%。含乙醇 99.5%以上的酒精叫作**无水乙醇**。

5.1.2 乙醇的化学性质

从分子结构可知，乙醇分子是由乙基($-CH_2CH_3$)和羟基($-OH$)组成的。乙醇的官能团——羟基($-OH$)比较活泼，它决定着乙醇的主要化学性质。

1. 与金属钠的反应

【实验 5-1】在试管里注入 1 mL 左右无水乙醇，再放入一小块新切开用滤纸擦干的金属钠，检验反应生成的气体是氢气。

乙醇分子中羟基的氢比较活泼，可被活泼金属置换。在这个反应里，金属钠置换了乙醇羟基中的氢，生成了乙醇钠，并放出氢气。

$$2CH_3CH_2OH + 2Na \longrightarrow 2CH_3CH_2ONa + H_2\uparrow$$

这个反应类似于水与金属钠的反应，但乙醇与金属钠的反应要缓和得多，放出的热量不能使氢气燃烧或爆炸。

2. 氧化反应

乙醇能在空气中燃烧，产生浅蓝色的火焰，并放出大量的热，故可用作燃料。

$$CH_3CH_2OH + 3O_2 \xrightarrow{点燃} 2CO_2 + 3H_2O$$

乙醇在加热和有催化剂(Cu 或 Ag)存在的条件下，能被空气中的氧气氧化，生成乙醛。

$$2CH_3CH_2OH + O_2 \xrightarrow[\triangle]{催化剂} 2CH_3CHO + 2H_2O$$

工业上根据这个原理，由乙醇制取乙醛。

乙醇还可以与高锰酸钾酸性溶液或重铬酸钾酸性溶液反应，被直接氧化成乙酸。

3. 脱水反应

乙醇和浓硫酸混合共热时，发生脱水反应。脱水产物因反应条件不同而不同。在 170℃左右时乙醇分子内脱水，生成乙烯；如控制温度在 140℃左右，则两个乙醇分子间脱水，生成乙醚。

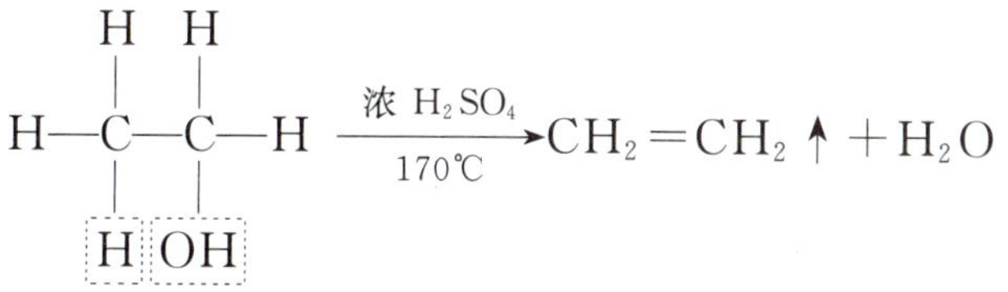

$$C_2H_5{-}OH + HO{-}C_2H_5 \xrightarrow[140℃]{浓\ H_2SO_4} C_2H_5{-}O{-}C_2H_5 + H_2O$$

可见在有机化学反应中，控制反应条件是很重要的。

乙醇还能与羧酸反应生成酯和水，将在后面介绍。

思考与交流

试辨析羟基（—OH）与氢氧根（OH^-）的区别与联系。

	氢氧根（OH^-）	羟基（—OH）
电子式		
电　性		
稳定性		
存　在		
相同点		

5.1.3　乙醇的用途

乙醇有广泛的用途，它是一种重要的有机化工原料，用于制取饮料、香精和医药等。体积分数为 75%的酒精在医疗上用作消毒剂。

日常饮用的各种酒中都含有乙醇。如啤酒含 3%～5%，葡萄酒含 6%～20%，黄酒含 8%～15%，白酒含 30%～70%的乙醇。酒精可抑制人的大脑功能，过度饮酒有损健康。在饮料生产时不能以工业酒精为原料，因为工业酒精往往含有甲醇，甲醇有毒，饮用后轻者使人眼睛失明，重者导致死亡。

资料卡片

乙醚由乙醇分子间脱水制得。乙醚的化学式为 $C_4H_{10}O$，构造简式为 $CH_3CH_2-O-CH_2CH_3$。乙醚是一种无色易挥发的液体，沸点是 34.51℃，有特殊的气味。吸入一定量的乙醚蒸气，会引起全身麻醉，所以纯乙醚可用作外科手术的麻醉剂。乙醚微溶于水，易溶于有机溶剂，它本身是一种优良的溶剂，能溶解许多有机物。乙醚蒸气很容易着火，空气中如果混有一定比例的乙醚蒸气，遇火就会发生爆炸，所以使用乙醚时要特别小心。

科学视野

判断酒后驾车的方法

司机酒后驾车容易肇事，因此交通法规禁止酒后驾车。怎样判断驾车人是否为酒后驾车呢？一种科学、简便的检测方法是使驾车人呼出的气体接触载有经过硫酸酸化处理的强氧化剂三氧化铬(CrO_3)的硅胶，如果呼出的气体中含有乙醇蒸气，乙醇会被三氧化铬氧化成乙醛，同时，三氧化铬被还原为硫酸铬。

三氧化铬与硫酸铬的颜色不同，通过颜色的变化，即可知驾车人是否喝了酒。

家庭小实验

自 制 甜 酒

称取糯米 1 kg，淘洗干净，用清水浸泡一昼夜，沥干后，蒸熟，冷却到40℃。将 10 g 酒曲(含有糖化酶、酒化酶等催化剂)研成粉末，加入少量冷开水调成混浊液，分数次加入糯米饭中，搅拌均匀，装入经过开水灭菌的容器中，轻轻压实，再在中间掏一个圆形小洞直至容器底部(以免发酵时中间温度过高，影响反应)，然后将容器盖好，放在 30～40℃的环境中。经过 48 h 后，发酵过程基本完成，即可食用。酿制成功的甜酒香甜可口，且有浓郁酒香。

习题 § 5.1

一、填空题

1. 乙醇的分子式是________，结构式是________，官能团是________。

2. 乙醇与浓硫酸共热到 140℃，发生________反应，生成________。硫酸的作用是________，反应的化学方程式是________________________。

3. 国家决定推广乙醇汽油的应用。所谓乙醇汽油就是在汽油中加入适量乙醇混合而成的一种燃料。回答下列问题：

（1）乙醇汽油是一种新型化合物吗？________,为什么？____________。

（2）汽车使用乙醇汽油能减少有害气体的排放吗？________,为什么？____。

（3）请写出乙醇完全燃烧的化学方程式：__________________。

二、选择题

1. 查看下列酒类的商品标签，其中酒精含量最高的是（　　）。

A. 啤酒　　B. 白酒　　C. 葡萄酒　　D. 黄酒

2. 下列试剂中，能用于检验酒精中是否含有水的是（　　）。

A. $CuSO_4 \cdot 5H_2O$　　B. 无水硫酸铜

C. 浓硫酸　　D. 金属钠

3. 酒后驾车是引发交通事故的重要原因。交警对驾驶员进行呼气酒精检测的原理是橙色的 $K_2Cr_2O_7$ 酸性水溶液遇乙醇迅速生成蓝绿色的 Cr^{3+}。下列对乙醇的描述与此测定原理有关的是（　　）。

① 乙醇沸点低　② 乙醇密度比水小　③ 乙醇有还原性　④ 乙醇的组成中含氧元素

A. ②④　　B. ②③　　C. ①③　　D. ①④

4. 在实验室中通常以加热乙醇和浓硫酸的混合液来制取乙烯，在这个反应里浓硫酸（　　）。

A. 既是反应物又是脱水剂　　B. 既是反应物又是催化剂

C. 既是催化剂又是脱水剂　　D. 仅是催化剂

5. 向装有无水乙醇的烧杯中投入黄豆大小的一块金属钠，对实验开始时现象的描述有：① 钠块沉在乙醇液面下；② 钠块熔化成小球；③ 钠块在乙醇的液面上游动；④ 钠块表面有气体放出。其中正确的是（　　）。

A. ①②④　　B. ②③④　　C. ①④　　D. ③④

三、解答题

1. 写出下列物质间转化的化学方程式，并注明反应条件。

$$CH_3CHO \leftarrow C_2H_5OH \leftarrow C_2H_4 \rightarrow C_2H_5Br$$

2. 什么叫作烃的衍生物？什么叫作官能团？

3. 需要多少体积的空气（在标准状况下）才能使 23 g 乙醇完全燃烧？完全燃烧能生成水和二氧化碳各多少摩尔？

§5.2 乙　　醛

乙醛(图 5-2)的分子式是 C_2H_4O,结构式是: $H-\underset{\underset{\displaystyle H}{|}}{\overset{\overset{\displaystyle H}{|}}{C}}-\overset{\overset{\displaystyle O}{\|}}{C}-H$,结构简式为 CH_3CHO。

乙醛分子中的—CHO 原子团叫**醛基**,是醛的官能团。

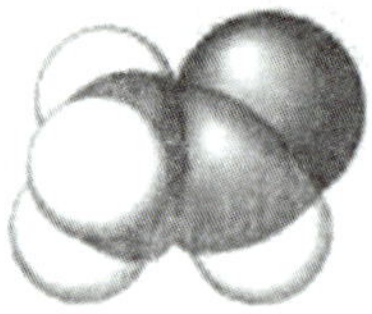

图 5-2　乙醛分子的比例模型

5.2.1　乙醛的物理性质

乙醛是一种无色、透明具有刺激性气味的液体,比水轻,沸点是 20.8℃。乙醛易挥发,易燃烧,能跟水、乙醇、氯仿等互溶。

5.2.2　乙醛的化学性质

乙醛分子中的醛基($-\overset{\overset{\displaystyle O}{\|}}{C}-H$)官能团对乙醛的化学性质起决定作用。

1. 加成反应

醛基中含有碳-氧双键,是一个不饱和基团,容易发生加成反应。例如,乙醛蒸气和氢气的混合气体在热的镍催化剂作用下发生加成反应:

$$CH_3-\overset{\overset{\displaystyle O}{\|}}{C}-H + H_2 \xrightarrow[\triangle]{\text{催化剂}} CH_3CH_2OH$$

在有机化学的反应中,常把有机物分子中加入氢原子或失去氧原子的反应叫作**还原反应**。把有机物分子中加入氧原子或失去氢原子的反应叫作**氧化反应**。乙醛与氢气的加成反应属于还原反应。

2. 氧化反应

乙醛容易被氧化。一些弱氧化剂，甚至空气中的氧都能使它氧化，生成乙酸。

【实验 5-2】在洁净的试管里加入 1 mL 2% 的 $AgNO_3$ 溶液，然后一边摇动试管，一边逐滴滴入 2% 的稀氨水，至最初产生的沉淀恰好溶解为止（这时得到的溶液叫作银氨溶液）。再滴入 3 滴乙醛，振荡后把试管放在热水浴中温热。如图 5-3 所示，观察现象。

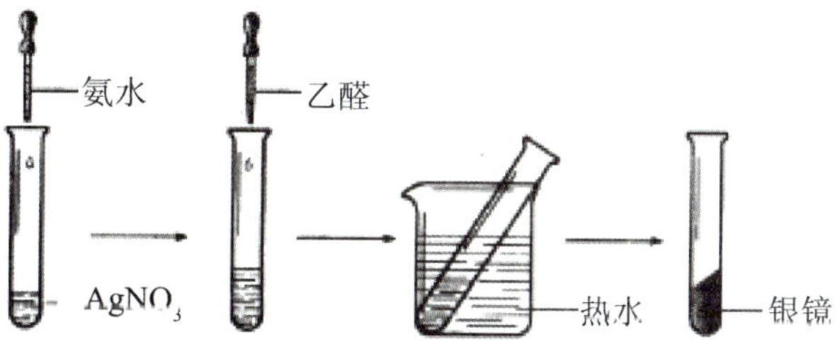

图 5-3　乙醛的银镜反应

不久可以看到，试管内壁上附着一层光亮如镜的金属银。

在这个反应里，硝酸银与氨水生成银氨络合物 $Ag(NH_3)_2OH$（氢氧化二氨合银），这是一种弱氧化剂，它能把乙醛氧化成乙酸，乙酸又与氨反应生成乙酸铵，而银氨络合物的 Ag^+ 被还原成金属银，附着在试管的内壁上，形成银镜，所以，这个反应叫作**银镜反应**。反应的化学方程式如下：

$$CH_3CHO + 2Ag(NH_3)_2OH \longrightarrow CH_3COONH_4 + 2Ag\downarrow + 3NH_3 + H_2O$$

银镜反应常用来检验醛基的存在。工业上利用这一反应原理，用含有醛基的葡萄糖作为还原剂，把银均匀地镀在玻璃上制镜或保温瓶胆。

乙醛也能被另一种弱氧化剂，即新制的 $Cu(OH)_2$ 氧化。

【实验 5-3】在试管里加入质量分数为 10% 的 NaOH 溶液 2 mL，滴入质量分数 2% 的 $CuSO_4$ 溶液 4～8 滴，振荡后加入乙醛溶液 0.5 mL，加热至沸腾，观察现象，如图 5-4 所示。

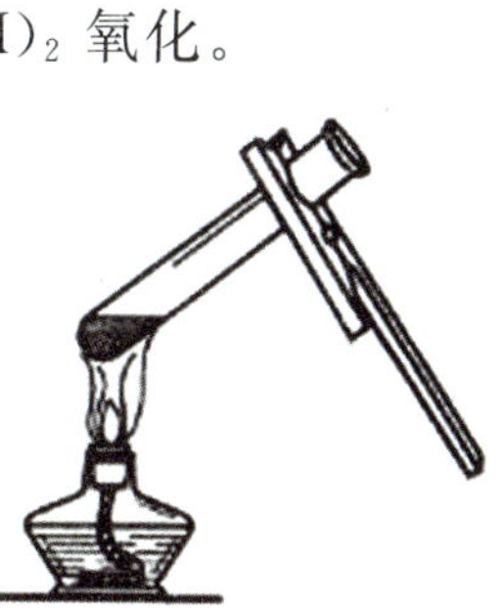

图 5-4　乙醛与 $Cu(OH)_2$ 反应

可以看到，溶液中有红色沉淀产生。这是由于乙醛有还原性，能把新制的 $Cu(OH)_2$ 还原成红色的氧化亚铜。

$$Cu^{2+} + 2OH^- = Cu(OH)_2\downarrow$$

$$CH_3CHO + 2Cu(OH)_2 \xrightarrow{\triangle} CH_3COOH + Cu_2O\downarrow + 2H_2O$$

这也是常用的检验醛基的一种方法。

资料卡片

甲醛是乙醛的同系物，亦称蚁醛。通常情况下是一种可燃、无色及有刺激性气味的气体，易溶于水、醇和醚。35%～40%的甲醛水溶液叫作福尔马林，具有很好的杀菌和防腐能力，在农业上常用稀释的福尔马林溶液(质量分数为0.1%～0.5%)来浸种，给种子消毒。甲醛是一种重要的有机原料，主要用于塑料工业、合成纤维、皮革工业、医药、染料等。

科学视野

室内装修"隐形杀手"从哪来?

为了防患于未然，首先要认清隐藏在室内的"隐形杀手"。室内环境污染，对人体的危害很大，极易诱发各种疾病。目前房屋装修的污染物，主要是甲醛、苯、氨等有害气体和放射性的物质——氡，其中甲醛的污染最为常见。

2004年6月《世界卫生组织甲醛致癌公报》确定，甲醛气体是室内装修材料散发出来的室内环境致癌气体，可能导致鼻癌、咽喉癌、皮肤癌、白血病、心脑血管等疾病。

室内的甲醛都来自哪里呢?

1. 装饰装修和家具中大量使用各种人造板是室内空气中甲醛的主要来源之一。这些人造板大都是使用甲醛基系列胶黏剂。这样的人造板会逐渐向外释放大量甲醛。甲醛气体造成的危害比灰尘、烟味、硫化物等危害更大，它是唯一可以进入人体造血组织的小分子污染物质。

2. 其他一些装饰材料，如墙布、地毯等也会释放大量的甲醛。这些材料在制作时也是使用了胶黏剂。

3. 内墙涂料和其他涂料中含有甲醛，它会在涂饰时释放出来，也会残留在涂层中慢慢释放出来。

苯主要来自于装修中使用的各种涂料、漆、胶。苯除对人的眼睛和皮肤有害外，还会对人的造血功能造成危害。苯一般在装修后通风3个月就会去除。

氨主要来自冬季装修施工中使用的含尿素成分的混凝土防冻剂，它会随着温度、湿度等环境因素的变化还原成氨气缓慢释放出来，对人的呼吸系统危害很大。

放射性物质——氡则主要来自建筑用的石材、瓷砖、黏土烧砖、石膏等，它产生的放射性物质能使人患上癌症，并对人体的生殖系统、造血功能造成危害，如导致不孕、白血病、婴儿畸形等。

因此新房装修后一定要开窗通风一段时间后再入住，还要养成良好的生活习惯，保持室内的空气流通，还可以摆放一些有空气净化作用的绿色植物。

习题 §5.2

一、填空题

1. 乙醛的分子式是______，结构式是______，官能团叫______，结构式是______。

2. 乙醛分子中的______键能与 H_2 发生______反应，该反应又属于______反应，反应的产物是______。

3. 在硫酸铜溶液中加入适量氢氧化钠溶液后，再滴入适量乙醛，加热。可观察到的现象是______；这是由于乙醛有______性，与弱氧化剂________发生________反应；反应的化学方程式是____________。此反应可用于检验________基的存在。

二、选择题

1. 下列试剂中，可用来清洗做过银镜反应实验的试管的是（　　）。

A. 盐酸　　B. 硝酸　　C. 烧碱溶液　　D. 蒸馏水

2. 常用于浸制生物标本的福尔马林属于（　　）。

A. 纯净物　　B. 混合物　　C. 化合物　　D. 单质

3. 关于丙烯醛（$CH_2=CH—CHO$）的化学性质叙述中错误的是（　　）。

A. 能与银氨溶液反应　　B. 能使溴水褪色，发生加成反应

C. 能与新制 $Cu(OH)_2$ 发生反应　　D. 一定条件下，能发生水解反应

4. 下列关于乙醛的说法不正确的是（　　）。

A. 乙醛的官能团是—CHO

B. 乙醛与 H_2 发生还原反应，生成乙醇

C. 银镜反应说明乙醛有还原性

D. 乙醛中加入 $Cu(OH)_2$ 粉末并加热可看到红色沉淀生成

三、完成下列化学方程式

1. $CH_3-\overset{\overset{O}{\|}}{C}-H + H_2 \xrightarrow[\triangle]{\text{催化剂}}$

2. $CH_3-\overset{\overset{O}{\|}}{C}-H + 2Ag(NH_3)_2OH \longrightarrow$

§5.3 乙　酸

乙酸(图 5-5)是最重要的有机酸之一,普通食醋中含 3%～5%的乙酸,所以乙酸又称**醋酸**。乙酸的分子式是 $C_2H_4O_2$,结构式是 $CH_3-\overset{\overset{O}{\|}}{C}-OH$,其中 $-\overset{\overset{O}{\|}}{C}-OH$ 叫作**羧基**,是乙酸的官能团,简写为 $-COOH$,它决定乙酸的性质。

图 5-5 乙酸分子的比例模型

5.3.1 乙酸的物理性质

乙酸是无色而有强烈刺激性气味的液体,沸点 113℃,熔点 16.7℃,无水乙酸在低于 16.7℃时为冰状固体,所以称无水乙酸为冰醋酸。乙酸易溶于水和乙醇。

5.3.2　乙酸的化学性质

1. 乙酸的酸性

乙酸具有明显的酸性，能使紫色的石蕊试液变红，但它的酸性强弱又是怎样的呢？

【实验 5-4】向一盛有少量 Na_2CO_3 粉末的试管里，加入约 3 mL 乙酸溶液，观察有什么现象发生，如图 5-6 所示。

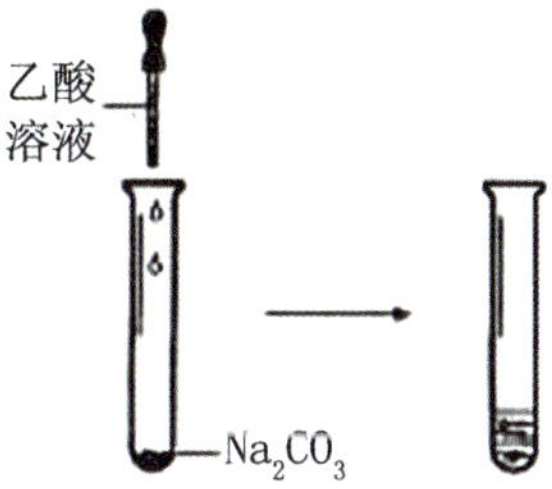

图 5-6　乙酸与 Na_2CO_3 的反应

可以看到试管里有气泡产生，这是二氧化碳气体。这说明乙酸的酸性强于碳酸。尽管如此，与硫酸等强酸相比，乙酸仍是一种弱酸。

思考与交流

试写出乙酸与 Na_2CO_3 反应的化学方程式。

2. 乙酸的酯化反应

“酒是陈的香”，是因为酒在储存过程中生成了有香味的乙酸乙酯。酯也可以通过化学实验来制备。在有浓硫酸存在并加热的条件下，乙酸能与乙醇发生反应，生成乙酸乙酯。

【实验 5-5】在一试管中加入 3 mL 乙醇，然后边摇动试管边慢慢加入2 mL 浓硫酸和 2 mL 乙酸。如图 5-7 所示，连接好装置。用酒精灯缓慢加热，将产生的蒸气经导管通到饱和碳酸钠溶液的液面上。观察现象。

可以看到，在液面上有无色透明的油状液体产生，并可以闻到香味。这种有香味的无色透明油状液体叫作乙酸乙酯。反应的化学方程式可以表示如下：

$$CH_3-\overset{\overset{\displaystyle O}{\|}}{C}-OH + H-O-C_2H_5 \xrightleftharpoons[\triangle]{浓\ H_2SO_4} CH_3-\overset{\overset{\displaystyle O}{\|}}{C}-O-C_2H_5 + H_2O$$

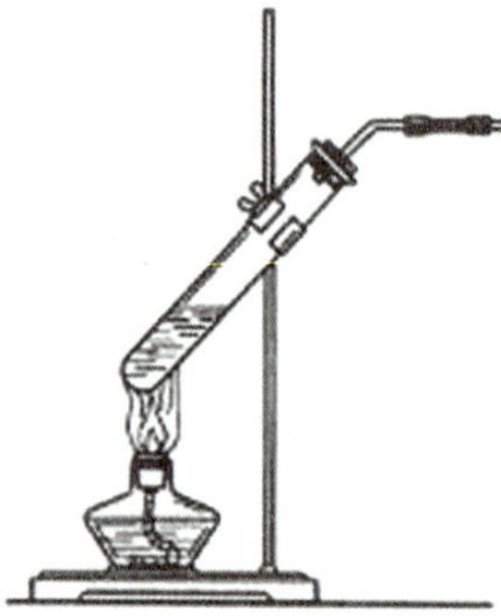

图 5-7 生成乙酸乙酯的反应

乙酸乙酯是酯类物质中的一种。这种酸和醇作用，生成酯和水的反应叫作**酯化反应**。酯化反应是可逆反应，反应物不能完全转化为生成物。反应进行得比较缓慢，为了提高反应速率，一般要加入浓硫酸作催化剂，并加热。

酯类广泛存在于自然界。各种水果和花草的香味都来自酯类化合物。酯的密度一般小于水，并难溶于水，易溶于乙醇和乙醚等有机溶剂。酯可用作溶剂，也可用作制备饮料和糖果的香料。

资料卡片

像乙酸这样，分子中含有羧基的有机化合物还有很多，统称为羧酸。

有些羧酸的分子里含有较多的碳原子，这样的羧酸叫作高级脂肪酸。例如，硬脂酸($C_{17}H_{35}COOH$)、软脂酸($C_{15}H_{31}COOH$)和油酸($C_{17}H_{33}COOH$)等都是重要的高级脂肪酸。其中油酸的碳链上含有一个双键，属于不饱和高级脂肪酸，常温下呈液态；硬脂酸和软脂酸的碳链没有不饱和键，属于饱和高级脂肪酸，常温下呈固态。

科学探究

巧除水垢

家中烧开水的壶和盛放开水的暖瓶或凉瓶，使用时间长了易结水垢(主要成分为 $CaCO_3$)，利用乙酸的酸性可有效除去水垢且不会对容器造成污染。方法是：取少量醋(最好使用醋精)加入需要除垢的容器中，缓慢转动容器使水垢与醋充分接触，浸泡一段时间，再用水清洗即可。如果水垢较厚，可反复多次浸泡、转动，或者多换几次醋并适当增加浸泡时间。

科学视野

第一面玻璃镜子，是在威尼斯诞生的。距今已经300多年了。那时候，人类已经基本完成了地理大发现，属于大航海时代的末期。

威尼斯的镜子轰动了欧洲，成为一种非常时髦的东西，王公贵族，阔佬富商，都以拥有一面威尼斯的镜子为荣。镜子顿时身价百倍。法国的皇后结婚，威尼斯送的礼物，就是一面小小的镜子。现在看来非常搞笑，当时却是最昂贵的东西——价值15万法郎。

那时候的镜子是这样制成的：在一块玻璃上放一张锡箔，上面浇上水银。水银能溶解锡，形成"锡汞齐"，紧紧地黏附在玻璃上，成为一面镜子。把整块玻璃都涂上均匀的一层"锡汞齐"，要花整整一个月时间，制造起来很麻烦。

根据威尼斯政府的命令，所有的玻璃工厂都要搬到姆拉诺孤岛上去，外国人不准到那里去。制镜业兴旺时期，这个岛上有40个大工厂，有几千工人在这些工厂里做工。仅法国，每年就要200箱镜子。管理这个岛的议会就是由玻璃工匠自己选举出来的。所有威尼斯人都惧怕的警察，却没有权力来管姆拉诺的居民。

现在看起来好像不是什么很奥妙的工艺，可是在300年前，这可是威尼斯人最大的秘密。谁要是胆敢把制造镜子的秘密泄露给外国人，就要被处死刑。尽管有严酷的法律，威尼斯人到底还是没有能够保守住他们的秘密。1666年，法国的诺曼底出现了一个镜子工厂，仿造威尼斯的工艺，制造出了法国的镜子。这件事要特别提到法国驻威尼斯的大使，他接受了国内的指令，费尽心思收买了几个威尼斯的工匠，偷渡到法国去，使威尼斯人的秘密大白于天下。这段往事，成为工业间谍史上最成功的案例。

水银制造的镜子与我们今天的镜子相比，仍然不够明亮，而且水银有毒，对人的身体有害。后来德国科学家李比希发明了镀银的玻璃镜，就是今天普通高中课本上介绍的银镜反应方法。银镜反应非常有趣：在洗净的试管里倒进一些硝酸银溶液，再加些氨水和氢氧化钠，最后倒进点葡萄糖溶液。这时候就会看到一种奇怪的现象：原来清澈透明的玻璃试管，忽然变得银光闪闪了。因此，这个反应被称为银镜反应。原来葡萄糖是一种具有还原性的物质，它能把硝酸银的银离子还原成金属银，沉淀在玻璃壁上，然后在镀银层刷上一层保护漆，一面明亮的镜子就制造出来了。

银镜反应制造镜子，工艺简单，成本低廉。这才把镜子从王公贵族太太小姐的豪华住宅里“请”出来，成为千家万户寻常百姓十分普通的日用品，是科技的发展造福了整个人类！

习题 § 5.3

一、填空题

1. 图 5-7 是实验室制乙酸乙酯的装置。

(1) 在大试管中配制一定比例的含__________________的混合溶液，并使之混合均匀。

(2) 装置中通蒸气的导管要插在__________。

(3) 浓硫酸的作用是______________。

(4) 饱和 Na_2CO_3 溶液的作用是____________。

(5) 实验生成的乙酸乙酯，其密度比水________（填“大”或“小”），有________味。

2. 已知乳酸的结构简式为 $CH_3—\underset{\displaystyle OH}{\underset{|}{CH}}—COOH$，试回答：

(1) 乳酸分子中含有______和______两种官能团(填官能团名称)。

(2) 乳酸跟氢氧化钠反应的化学方程式为______________________。

(3) 乳酸跟乙醇反应的化学方程式__________________，该反应属于______反应。

二、选择题

1. 食醋中含有乙酸，下列关于乙酸的说法中正确的是(　　)。

A. 乙酸是有刺激性气味的液体

B. 乙酸分子中含有 4 个氢原子，它不是一元羧酸

C. 乙酸在常温下就能发生酯化反应

D. 乙酸酸性较弱，不能使石蕊试液变红

2. 下列关于乙醇和乙酸的说法正确的是(　　)。

A. 两种物质均易溶于水

B. 两种物质均能与 NaOH 溶液反应

C. 乙醇不能使高锰酸钾酸性溶液褪色

D. 乙酸不能与金属钠反应

3. 下列事实能说明碳酸的酸性比乙酸弱的是(　　)。

A. 乙酸能发生酯化反应,而碳酸不能

B. 碳酸和乙酸都能与碱反应

C. 乙酸易挥发,而碳酸不稳定、易分解

D. 乙酸和 Na_2CO_3 反应可放出 CO_2

4. 丙烯酸($CH_2{=}CH{-}COOH$)能发生的反应可能有(　　)。

① 加成反应　② 酯化反应　③ 中和反应　④ 氧化反应

A. ①③　　B. ①③④　　C. ①④　　D. ①②③④

5. 下列试剂能用来鉴别乙醇和乙酸的是(　　)。

A. 盐酸　　B. 蒸馏水　　C. 氯化钠溶液　D. 紫色石蕊溶液

二、解答题

1. 写出乙酸跟下列物质起反应的化学方程式:

① 金属钠;② 生石灰;③ 苛性钠;④ 纯碱溶液;⑤ 乙醇。

2. 怎样用化学方法区别乙醇、乙醛、乙酸三种物质的水溶液?

归纳与整理

一、烃的几种重要衍生物的分子结构、性质

有机物	分子结构	官能团	主要化学性质
乙醇			
乙醛			
乙酸			

二、烃的衍生物之间的转化关系

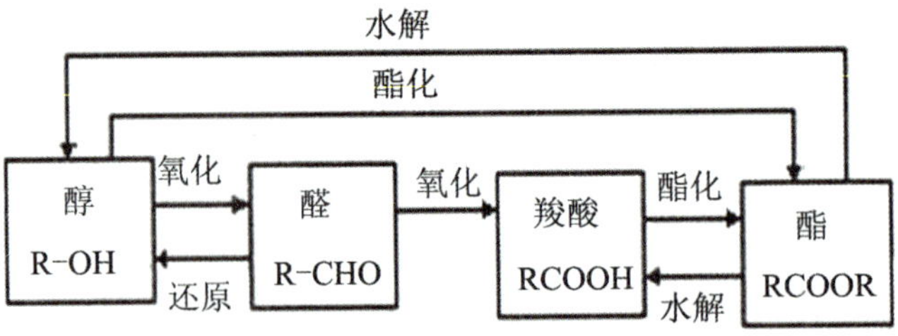

三、归纳有机化学反应的主要类型,并填写下表

反应类型	定义	举例(化学方程式)
取代		
加成		
加聚		
氧化		
还原		
酯化		

复 习 题

一、填空题

1. 乙醇的结构简式为______。乙醇与金属钠的反应比水与钠的反应要________;乙醇和浓硫酸混合共热时,在170℃左右时生成______;在140℃左右时生成________。

2. 乙醛的结构简式为______。乙醛能被弱氧化剂______溶液,新制的________氧化为乙酸。

3. 乙酸的结构简式为______。乙酸与 Na_2CO_3 的反应生成______气体;在有浓硫酸存在并加热的条件下,乙酸能与乙醇发生______反应,生成______________。

二、选择题

1. 炒菜时,加入一些料酒和食醋可使菜变得味香可口,其中的原因是(　　)。

A. 有盐类物质生成　　B. 有酯类物质生成

C. 有醇类物质生成　　D. 有酸类物质生成

2. 相同物质的量浓度的下列物质的稀溶液中，pH 最小的是(　　)。
A. 乙醇　B. 乙酸　C. 氢氧化钠　D. 碳酸

3. C_2H_5OH 不能发生的反应类型有(　　)。
A. 酯化反应　B. 氧化反应
C. 取代反应　D. 加成反应

4. 在下列物质中，分别加入金属钠，不能产生氢气的是(　　)。
A. 无水酒精　B. 苯　C. 蒸馏水　D. 乙酸

5. 下列关于乙醛的说法中，正确的是(　　)。
A. 乙醛能发生氧化反应，不能发生还原反应
B. 乙醛的官能团是—COH
C. 乙醛和甲醛互为同系物
D. 乙醛不溶于水，易溶于酒精

6. 下面关于甲醛的几种说法中，正确的是(　　)。
A. 它在常温、常压下是一种无色有刺激性气味的液体
B. 甲醛俗称为福尔马林，可用来浸制生物标本
C. 装修房子的很多材料中都会散发出甲醛等有害气体
D. 甲醛溶液可以浸泡海产品，以防止产品变质

7. 下列化学用语正确的是(　　)。
A. 乙酸的结构简式：$C_2H_4O_2$　B. 羟基的化学式：OH^-
C. 乙炔的结构简式：CHCH　D. 乙烯的结构简式：$CH_2=CH_2$

8. 下列试剂不能用来鉴别乙醇和乙酸的是(　　)。
A. 蒸馏水　B. 碳酸钠溶液
C. 紫色石蕊溶液　D. 高锰酸钾酸性溶液

9. 下列关于甲烷、乙烯、乙醇、乙酸的说法中，不正确的是(　　)。
A. 甲烷和氯气光照条件下反应，反应类型为取代反应
B. 往 $KMnO_4$ 酸性溶液中通入乙烯，紫色褪去说明乙烯有还原性
C. 乙醇在铜作催化剂并加热条件下生成乙醛，发生还原反应
D. 食醋可用于除水垢，是利用了乙酸的酸性

10. 下列关于乙醇的说法，不正确的是(　　)。
A. 乙醇与乙酸反应生成乙酸乙酯，所以乙醇显碱性
B. 由于乙醇容易挥发，所以才有俗语"酒香不怕巷子深"的说法

C. 乙醇与乙酸生成乙酸乙酯的反应既是酯化反应,又是取代反应

D. 乙醇与钠反应非常平缓,所以乙醇羟基上的氢原子不如水分子中的氢原子活泼

三、解答题

1. 红葡萄酒密封储存时间越长,质量越好,试解释原因,并写出反应的化学方程式。

2. 检验某有机物的分子里是否含有醛基,应通过什么实验,根据什么现象来判断?

3. 用乙醇和浓硫酸起反应制备乙烯时,为什么温度要控制在170℃左右?

4. 现拟分离乙酸乙酯、乙酸、乙醇的混合物,下图是分离操作步骤流程图。请在图中圆括号内填入适当的试剂,在方括号内填入适当的分离方法,在方框内填入所分离的有关物质的名称。

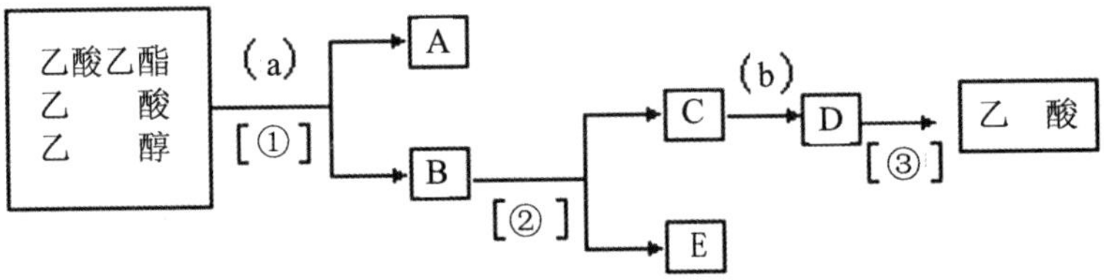

第 6 章　糖类　油脂　蛋白质

生命由一系列复杂、奇妙的化学过程维持着，食物为有机体的这一过程提供原料，同时也为生命活动提供能量。食物的成分主要有糖类、油脂、蛋白质、维生素、无机盐和水六大类，通常称为营养素。其中糖类、油脂、蛋白质又被称为食物中的基本营养物质。表 6-1 列出了主要营养物质在人体内的含量。

表 6-1　主要营养物质在人体内的含量

化合物	占人体质量的百分数/%	化合物	占人体质量的百分数/%
蛋白质	15～18	无机盐	3～4
脂肪	10～15	水	55～67
糖类	1～2	其他(维生素)	1

糖类、油脂和蛋白质都是天然的有机化合物，在自然界分布很广。它们除了供人类食用外，还是重要的化工原料。本章主要学习有关它们的知识。

§6.1　糖　　类

糖类是绿色植物光合作用的主要产物，它把来自太阳的能量储存起来，是动植物所需能量的重要来源。常见含糖食物与含糖量如表 6-2 所示。

表 6-2　含糖食物与含糖量

食物	蔗糖	粉丝	大米、面粉	苹果、葡萄
含糖量	100%	85%～95%	70%～80%	9%～12%

糖类也叫作碳水化合物，原因是最初发现的这一类物质都是由 C、H、O 三种元素组成，而且分子中氢氧之比为 2∶1，好像是碳和水的化合物。符合

通式 $C_n(H_2O)_m$。例如，葡萄糖($C_6H_{12}O_6$)、蔗糖($C_{12}H_{22}O_{11}$)、淀粉($C_6H_{10}O_5)_n$ 等都是糖类。但后来发现某些糖类如鼠李糖 $C_6H_{12}O_5$ 的分子组成并不符合上述的通式。也有些化合物如甲醛 CH_2O、乙酸 $C_2H_4O_2$ 等，虽符合通式，却不是糖类。所以碳水化合物这个名称虽然仍然沿用，但是早已失去原来的意义。

糖类常根据它能否水解以及水解后的产物，分为三类：单糖、二糖和多糖。单糖是最简单的糖，不能水解；二糖水解后生成二个单糖；多糖也能水解生成多个单糖。

单糖中最重要的是葡萄糖和果糖，二糖中最重要的是蔗糖和麦芽糖，多糖中最重要的是淀粉和纤维素。

6.1.1　葡萄糖　果糖

葡萄糖是最重要、最简单的单糖，在自然界中分布广泛，在成熟的葡萄和甜味果实的汁液里含量较为丰富。在人体与动物组织中也含有葡萄糖，正常人的血液里约含质量分数为0.1%的葡萄糖，叫作血糖。

葡萄糖的分子式是 $C_6H_{12}O_6$，是一种白色晶体，有甜味，易溶于水。

【实验 6-1】在一支洁净的试管里配制 2 mL 左右的银氨溶液，加入 1 mL 10%的葡萄糖溶液，然后在水浴里加热 3～5 min，观察现象。

【实验 6-2】在试管里加入 2 mL 10%NaOH 溶液，滴加 5%$CuSO_4$ 溶液 5 滴，再加入 2 mL 10%的葡萄糖溶液，加热，观察现象。

从实验 6-1 可以看到试管内壁有银镜生成，从实验 6-2 可以看到有砖红色 Cu_2O 沉淀生成。

实验证明，葡萄糖中含有醛基具有还原性，能发生银镜反应，也能被新制的 $Cu(OH)_2$ 氧化，它的结构简式为：$CH_2OH—CHOH—CHOH—CHOH—CHOH—CHO$，是一种多羟基醛。

葡萄糖是人体必需的营养物质，它在人体组织中发生氧化反应，放出热量，以维持人体生命活动所需要的能量。

$$C_6H_{12}O_6(s)+6O_2(g) \longrightarrow 6CO_2(g)+6H_2O(l)$$

1 mol 葡萄糖完全氧化，能放出约 2 804 kJ 的热量。

果糖存在于水果及蜂蜜中，是白色结晶，易溶于水。它是最甜的一种糖。果糖的分子式也为 $C_6H_{12}O_6$，和葡萄糖互为同分异构体。果糖也具有还原性。

资料卡片

糖尿病患者的尿中含有葡萄糖，而且病情越重，含糖量越高。因此，可以根据测定尿中葡萄糖的含量来判断患者的病情。以前医疗上曾根据葡萄糖与新制的 $Cu(OH)_2$ 反应的原理测定患者尿中葡萄糖的含量，现在快捷和方便起见，已改用仪器检测，在家中则可用特制的试纸来检测。

6.1.2 蔗糖 麦芽糖

蔗糖的化学式是 $C_{12}H_{22}O_{11}$，主要存在于甘蔗和甜菜中，蔗糖为白色晶体，易溶于水，是重要的甜味食物。日常生活中食用的白糖、冰糖、红糖的主要成分都是蔗糖。

【实验 6-3】在一支洁净的试管里配制 2 mL 左右的新制银氨溶液，加入 1 mL 20%的蔗糖溶液，然后在水浴里加热 3～5 min，观察现象。

【实验 6-4】在试管里加入 1 mL 20%蔗糖溶液，加入 3～5 滴稀硫酸。水浴中加热 5 min 后滴加 NaOH 溶液，至溶液呈碱性。加入 2 mL 新制银氨溶液，在水浴中加热 3～5 min，观察现象。

用新制 $Cu(OH)_2$ 代替银氨溶液做上述实验，观察现象。

从实验可以看出，蔗糖不发生银镜反应，这说明它的分子结构中不含有醛基，因此不显还原性。在硫酸的催化作用下，蔗糖发生水解反应，生成葡萄糖和果糖。

$$\underset{\text{蔗糖}}{C_{12}H_{22}O_{11}} + H_2O \xrightarrow{\text{催化剂}} \underset{\text{葡萄糖}}{C_6H_{12}O_6} + \underset{\text{果糖}}{C_6H_{12}O_6}$$

因此蔗糖水解后能发生银镜反应，也能还原 $Cu(OH)_2$。

麦芽糖的分子式是 $C_{12}H_{22}O_{11}$。麦芽糖是白色晶体，易溶于水，有甜味但不如蔗糖甜。麦芽糖分子中含有醛基，因此有还原性。在硫酸等催化剂作用下，麦芽糖发生水解反应，1 mol 麦芽糖水解生成 2 mol 葡萄糖。

$$\underset{\text{麦芽糖}}{C_{12}H_{22}O_{11}} + H_2O \xrightarrow{\text{催化剂}} \underset{\text{葡萄糖}}{2C_6H_{12}O_6}$$

麦芽糖可用作甜味食物。通常食用的饴糖，其主要成分就是麦芽糖。

几种糖的甜度比较如表 6-3 所示。

表 6-3　糖的甜度比较

蔗糖	果糖	葡萄糖	麦芽糖
100	175	74	32

6.1.3　淀粉　纤维素

淀粉和纤维素是最重要的多糖，它们的通式是$(C_6H_{10}O_5)_n$，由于组成分子的 n 值不同，所以分子式不同，不能互称为同分异构体。

淀粉和纤维素相对分子质量很大，约为几万至几十万，是天然有机高分子化合物。由于结构不同，它们的性质也有很大差异。

淀粉虽属糖类，但它本身没有甜味，是一种白色粉末，不溶于冷水，在热水里淀粉颗粒会膨胀破裂，有一部分淀粉溶解在水里，另一部分悬浮在水里，形成胶状淀粉糊。

通常淀粉不显还原性，但它在酸催化剂存在和加热条件下可以逐步水解，生成一系列比淀粉分子小的化合物，最后生成还原性单糖——葡萄糖。

$$\underset{\text{淀粉}}{(C_6H_{10}O_5)_n} + nH_2O \xrightarrow{\text{催化剂}} \underset{\text{葡萄糖}}{nC_6H_{12}O_6}$$

【实验 6-5】将碘酒滴在一片土豆或面包上，观察现象。

可以看到淀粉的特征反应：在常温下，淀粉遇碘变蓝。

纤维素是构成植物细胞壁的基础物质。纤维素不显示还原性，但在稀酸和一定压强下长时间加热，可发生水解，水解的最终产物也是葡萄糖。

科学视野

食品添加剂与人体健康

食品添加剂是为了改善食物的色、香、味，延长食品保存期、增加食品营养成分的一类化学合成或天然物质。表 6-4 简介一些常见的食品添加剂。

表 6-4　一些常见的食品添加剂

类别	功能	品种
着色剂	调节食品色泽，改善食品外观	胡萝卜素、番茄红素、胭脂红酸、苋菜红、柠檬黄
食用香味料	赋予食品香味，使人愉悦	花椒、茴香、桂皮、丁香油、柠檬油、水果香精

续表

类别	功能	品种
甜味剂	赋予食品甜味,改善口感	各种糖类、糖精(甜味是蔗糖的300～500倍)、木糖醇
鲜味剂	使食品呈现鲜味,引起食欲	味精(谷氨酸钠)
防腐剂	防止食物腐烂、变质	食盐、糖、醋、苯甲酸钠、硝酸盐、亚硝酸盐、二氧化硫等
营养强化剂	补充食物中缺乏的营养物质或微量元素	食盐加碘、粮食制品中加赖氨酸、食品中加维生素或硒、锗等微量元素

什么物质可以作为食品添加剂,以及食品添加剂的使用量,卫生部门都有严格的规定。在规定范围内使用食品添加剂,一般认为对人体健康是无害的。但是违反规定,将一些不能作为食品添加剂的物质当作食品添加剂,或者超量使用食品添加剂,均会损害人体健康。

例如使用一些不能食用的染料给食品染色或配制饮料,均有可能危害人体健康或引起食物中毒。又如为了使腌制肉类食品的颜色更为鲜红,超量使用添加剂硝酸盐或亚硝酸盐,将会使肉类食品中产生亚硝胺。它是一种致癌物质,有诱发人体患癌症的风险。

习题 §6.1

一、填空题

1. 基本营养物质是指______、________、_________等物质。

2. 葡萄糖是一种________醛,具有______性。

3. 蔗糖的化学式是________,它的分子结构中________醛基,蔗糖发生水解反应,生成______和________。

4. 麦芽糖分子中________醛基,________发生银镜反应。

5. 在常温下,淀粉遇碘变________。

二、选择题

1. 下列反应中有机物被氧化的是(　　)。

A. 葡萄糖发生银镜反应　　B. 乙醛制乙醇

C. 乙醛制乙酸　　D. 乙酸和碳酸钠反应

2. 下列有关糖类的说法中正确的是(　　)。

A. 含有碳、氢、氧三种元素的有机物

B. 符合通式为 $C_n(H_2O)_m$ 的化合物

C. 糖类物质都有甜味

D. 根据能否水解以及水解后的产物,分为单糖、二糖和多糖

3. 葡萄糖作为营养物质供给人体能量,它在人体内发生的主要反应是(　　)。

A. 取代反应　B. 氧化反应

C. 加成反应　D. 加聚反应

4. 将某病人的尿液加入新制的 $Cu(OH)_2$ 悬浊液中,微热时如果观察到红色沉淀,说明该尿液中含有(　　)。

A. 醋酸　B. 酒精　C. 食盐　D. 葡萄糖

5. 下列两种物质不属于同分异构体的是(　　)。

A. 淀粉　纤维素　B. 蔗糖　麦芽糖

C. 正丁烷　异丁烷　D. 果糖　葡萄糖

6. 关于蔗糖的下列说法中,不正确的是(　　)。

A. 蔗糖是最重要的二糖,它的相对分子质量是葡萄糖的两倍

B. 纯净的蔗糖溶液中加入银氨溶液,微热,不发生银镜反应

C. 在蔗糖与稀硫酸共热后的溶液中滴加银氨溶液,水浴加热,看不到有银镜生成

D. 在蔗糖里加入浓硫酸,可观察到颜色变黑,并有泡沫出现

7. 广告称某品牌的八宝粥(含桂圆、红豆、糯米等)不加糖,比加糖还甜,适合糖尿病人食用。你认为下列判断不正确的是(　　)。

A. 这个广告有误导喜爱甜食消费者的嫌疑

B. 糖尿病人应少吃含糖的食品,该八宝粥未加糖,可以放心食用

C. 不加糖不等于没有糖,糖尿病人食用需慎重

D. 不能听厂商和广告商的宣传,应询问医生

8. 遇碘水变蓝的物质是(　　)。

A. 米粥　B. 盐水　C. 牛奶　D. 白酒

§6.2　油　　脂

油脂属于酯类。在常温下呈固态的油脂叫作脂肪，如动物脂肪；呈液态的叫作油，如植物油。油脂是人类的主要食物之一，是动植物储存能量、保持新陈代谢所不可缺少的物质。油脂也是一种重要的工业原料。猪油、牛油、花生油、菜籽油、豆油、棉籽油等均属于油脂。

6.2.1　油脂的组成和结构

油脂是高级脂肪酸跟甘油(丙三醇)生成的甘油酯。它们的结构可以表示如下：

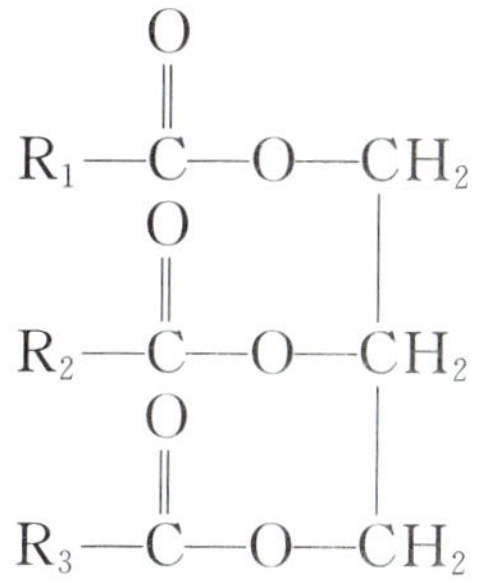

结构式里 R_1、R_2、R_3 代表饱和碳链或不饱和碳链。它们可以相同，也可以不相同。

油主要是不饱和高级脂肪酸(如油酸)的甘油酯。脂肪主要是饱和高级脂肪酸(如硬脂酸、软脂酸)的甘油酯。

6.2.2　油脂的性质

油脂比水轻，不溶于水，易溶于有机溶剂，如汽油、乙醚、苯等。

油脂具有酯的通性，能发生水解反应。分子中含有双键的液态油，还能发生双键的加成反应。因此，油脂兼有烯烃和酯类的一些化学性质。

1. 油脂的氢化

在一定条件下，液态油与氢气反应，反应结果提高了油脂的饱和程度，使液态油变为固态脂肪。这一反应叫作油脂的氢化，也叫油脂的硬化。这样制得的脂肪叫**人造脂肪**，又叫**硬化油**。硬化油性质稳定，不易变质，便于运输，是制造肥皂、人造奶油等的原料。

2. 油脂的水解

油脂在酸性条件下，水解生成高级脂肪酸和甘油。

油脂在碱性条件下，水解生成高级脂肪酸盐和甘油。高级脂肪酸钠盐是肥皂的主要成分，所以油脂在碱作用下的水解反应，也叫作**皂化反应**。

资料卡片

油脂的变质——酸败

动植物油脂中，都含有油酸。油酸中含有双键，在空气中放置时间久了，由于氧化而产生过氧化物和醛类等使油脂变质，产生一种难闻的“哈喇”味，这种油脂就不能食用了。油炸食品在空气中也容易被氧化，因此在包装中常加入一小包抗氧化剂。

思考与交流

如果你家买了 5 L 食用油，估计可用两个月。现有以下几种方法，你认为哪种最好？你会建议家长如何使用？

(1) 把食用油倒入灶台旁的盆中，炸完食品后的食用油可倒回盆中，这样用起来方便。

(2) 把食用油放入一个大塑料桶中，随用随倒，比较省事。

(3) 把食用油分装在几个干净的玻璃瓶中密封，用完一瓶再用一瓶。

科学视野

肥皂的制取和去污原理

1. 肥皂的制取

把动物脂肪或植物油跟氢氧化钠溶液按一定比例放在皂化锅内加热、搅拌，使之发生皂化反应。反应完成后，生成的高级脂肪酸钠盐、甘油和水形成了混合物。往锅内加入食盐细粒，搅拌，静置，则使高级脂肪酸钠从混合物中析出，浮在液面，从而跟甘油、食盐水分离。这个过程叫作盐析。集取浮在液面的高级脂肪酸钠，加入填充剂(如松香、硅酸钠)等，进行压滤、干燥、成型，就制得成品肥皂。下层液体经分离提纯后，便得到甘油。

2. 肥皂去污原理

肥皂去污是高级脂肪酸钠在起作用。从结构上看,它的分子可以分为两部分,一部分是极性的—COONa,或—COO^-,它可以溶于水,叫亲水基;另一部分是非极性的链状的烃基—R,这一部分不溶于水,叫作憎水基。憎水基具有亲油的性质。在洗涤的过程中,污垢中的油脂跟肥皂接触后,高级脂肪酸钠分子的烃基就插入油滴内。而易溶于水的碱基部分伸在油滴外面,插入水中。这样油滴就被肥皂分子包围起来(图 6-1)。再经摩擦、振动,大的油滴便分散成小的油珠,最后脱离被洗的纤维织品,而分散到水中形成乳浊液,从而达到洗涤的目的。

图 6-1　肥皂去污示意图

习题 § 6.2

一、填空题

1. ________和________统称为油脂,其结构可以表示为__________。

2. 用油脂水解的方法制取高级脂肪酸,通常所选择的条件是________;若制取肥皂,则选择的条件是________。

3. 液态油生成固态油脂,要在________条件下,用油与________反应。

4. 油脂属于________类,其在碱性条件下的水解反应又称________反应,产物为________________________________。(写名称)

二、选择题

1. 下列叙述中,错误的是(　　)。

　A. 油脂属于酯类

　B. 某些油脂兼有酯和烯烃的一些化学性质

　C. 油脂的氢化又叫油脂的硬化

　D. 油脂是纯净物,不是混合物

2. 下列说法正确的是(　　)。

A. 油脂是高级脂肪酸的甘油酯

B. 油脂在酸性条件下的水解反应又称为皂化反应

C. 油脂水解可得到氨基酸和甘油

D. 油脂不能使溴水褪色

3. 油脂的硬化是油脂进行了(　　)。

A. 还原反应　　B. 酯化反应

C. 氧化反应　　D. 皂化反应

4. 油脂的下列叙述和用途中,与其含有不饱和的碳碳双键有关的是(　　)。

A. 油脂是产生能量最高的营养物质

B. 利用油脂在碱性条件下水解可以制得甘油和肥皂

C. 植物油经过氢化,可以变成脂肪

D. 油脂是有机体组织里储存能量的重要物质

5. 下列说法正确的是(　　)。

A. 油脂是人体所需的基本营养物质之一,应尽量多食用油脂类物质

B. 糖尿病病人有糖分从尿液中排出,应多食用葡萄糖来补充

C. 营养物质并不是摄入越多越好,平时要注意膳食平衡

D. 高血压、高血脂的病人要尽量少食高脂肪食品

三、解答题

1. 为什么说油脂是人类重要的营养物质?

2. 为什么能用热的纯碱溶液洗涤黏有油脂的试管?

3. 形成油脂的脂肪酸的饱和程度对油脂有什么影响?举例说明。

§6.3　蛋　白　质

蛋白质广泛存在于生物体内,是组成细胞的基础物质。动物的肌肉、皮肤、血液、乳汁以及发、毛、蹄、角等都是由蛋白质构成的。植物的种子里也含有丰富的蛋白质,例如,小麦、大豆、花生等农作物都含丰富的蛋白质。由此可见,生命是蛋白质存在的一种方式,蛋白质是生命的基础,没有蛋白质就没

有生命。

6.3.1　蛋白质的组成

蛋白质的组成中主要含有碳、氢、氧、氮、硫等元素，某些蛋白质还含有磷、铁、碘、锰、锌及其他元素。蛋白质的各种元素组成如表 6-5 所示。

表 6-5　蛋白质的各种元素组成

碳	氢	氧	氮	硫
50%～55%	6.0%～7.3%	19%～24%	13%～19%	0%～4%

蛋白质的相对分子质量很大，从几万到几千万。因此，蛋白质属于天然有机高分子化合物。

蛋白质在酸、碱或酶的作用下能发生水解，水解的最终产物是氨基酸。下面是几种氨基酸的例子：

甘氨酸　$CH_2—COOH$
NH_2（连于 CH_2）

丙氨酸　$CH_3—CH—COOH$
NH_2（连于 CH）

谷氨酸　$HOOC—(CH_2)_2—CH—COOH$
NH_2（连于 CH）

因此，我们说氨基酸是蛋白质的基石。

由于氨基酸的种类很多，组成蛋白质时氨基酸的数量和排列又各不相同，所以蛋白质的结构很复杂。研究蛋白质的结构和合成，进一步探索生命现象，这是生命科学研究中的重要课题。1965 年，我国科学家在世界上第一次用人工方法合成了具有生命活力的蛋白质——结晶牛胰岛素，对蛋白质的研究做出了重要的贡献。

6.3.2　蛋白质的性质

有些蛋白质能溶于水，如鸡蛋白；有些难溶于水，如丝、毛等。蛋白质除了能水解为氨基酸外，还具有如下的性质。

1. 盐析

【实验 6-6】如图 6-2 所示，在盛有鸡蛋白溶液的试管里，缓慢地加入饱和硫酸钠或硫酸铵溶液，观察沉淀的析出。把少量带有沉淀的液体加入盛有蒸馏水的试管里,观察沉淀是否溶解。

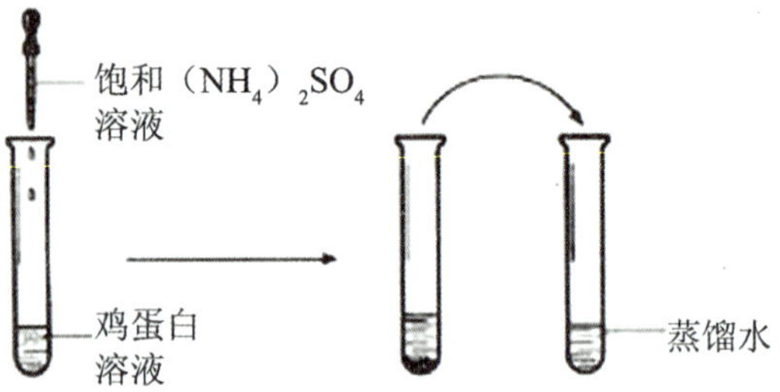

图 6-2 蛋白质的盐析

向蛋白质溶液中加入某些浓的无机盐(如硫酸钠、硫酸铵等)溶液后,可以使蛋白质凝聚而从溶液中析出,这种作用叫作盐析。这样析出的蛋白质仍可以溶解在水中,而不影响原来蛋白质的性质。因此,盐析是一个可逆的过程。利用这个性质,可以采用多次盐析的方法来分离和提纯蛋白质。

2. 变性

【实验 6-7】在两个试管里各加入 3 mL 鸡蛋白溶液,给一个试管加热,向另一个试管加入少量乙酸铅溶液,观察发生的现象。把凝结的蛋白和生成的沉淀分别放入两个盛有蒸馏水的试管里,观察是否溶解。

实验表明,两个试管中的蛋白质都出现凝结,这种凝结是不可逆的,即凝结后不能在水中重新溶解,我们把蛋白质的这种变化叫作变性。除加热以外,酸、碱、重金属盐、紫外线,以及一些有机化合物,如甲醛、酒精等作用下,均能使蛋白质变性,蛋白质变性后,不仅丧失了原有的可溶性,同时也失去了生理活性。

思考与交流

1. 为什么医院里用高温蒸煮、照射紫外线、喷洒苯酚溶液、在伤口处涂抹酒精溶液等方法来消毒杀菌?

2. 有人误服重金属盐,如铅盐、铜盐、汞盐等,应该怎样急救?

3. 为什么生物实验室用甲醛溶液(福尔马林)保存动物标本?

4. 为什么在农业上用波尔多液(由硫酸铜、生石灰和水制成)来消灭病虫害?

资料卡片

蛋白质变性后的特点

熟食利于消化吸收，食物产生香味，提供一些特殊风味，如松花蛋、奶酪、豆腐等，延长了保质期。

3. 颜色反应

【实验 6-8】在盛有 2 mL 鸡蛋白溶液的试管里，滴入几滴浓硝酸，微热，观察现象。

可以看到，鸡蛋白溶液遇浓硝酸颜色变黄。蛋白质可以跟许多试剂发生颜色反应，某些蛋白质跟浓硝酸作用会产生黄色。

4. 灼烧

蛋白质被灼烧时，产生烧焦羽毛的气味。

6.3.3　蛋白质的用途

蛋白质是人类必需的营养物质，成年人每天大约要摄取 60～80 g 蛋白质才能满足生理需要，保证身体健康。

人们从食物中摄取的蛋白质，在胃液中的胃蛋白酶和胰液中的胰蛋白酶作用下，经过水解生成氨基酸。氨基酸被人体吸收后，重新结合成人体所需的各种蛋白质。

蛋白质在工业上也有广泛的用途。动物的毛和蚕丝的成分都是蛋白质，它们是重要的纺织原料。动物的皮经过药剂鞣制后，其中所含的蛋白质就变成不溶于水、不易腐烂的物质，可以加工成柔软坚韧的皮革。

动物明胶是用动物的骨、皮和蹄等经过熬煮提取的蛋白质。阿胶是用驴皮熬制的胶，它是一种药材。

此外，由蛋白质组成的酶也有广泛的用途。

科学视野

酶

人体是一个复杂的“化工厂”，在这个“化工厂”里同时进行着许多互相协同配合的化学反应。这些反应不能在高温、高压、剧毒、强腐蚀的条件下进行，只能在体温条件下温和地进行。这些反应还要求有较高的速率，而且需要随着环境和身体情况的变化而随时自动地进行精密地调节。如此苛刻的条件是怎样实现的呢？这要靠一类特殊的蛋白质——酶的作用。

酶是具有生物活性的蛋白质，对于许多有机化学反应和生物体内进行的复杂的反应具有很强的催化作用。酶的催化作用具有以下特点：

1. 条件温和、不需加热。在接近体温和接近中性的条件下，酶就可以起作用。在 30～50°C 之间酶的活性最强，超过适宜的温度时，酶将逐渐丧失活性。

2. 具有高度的专一性。如蛋白酶只能催化蛋白质的水解反应；淀粉酶只对淀粉起催化作用，如同一把钥匙开一把锁。

3. 具有高效催化作用。酶催化的化学反应速率，比普通催化剂高 10^7～10^{13} 倍，目前人们已经知道的酶有数千种。工业上大量使用的酶多数是通过微生物发酵制得的，并且有许多种酶已制成了晶体。酶制剂已得到广泛的应用，如淀粉酶应用于食品、发酵、纺织、制药等工业；蛋白酶用于医药、制革等工业；脂肪酶用于使脂肪水解、羊毛脱脂等。酶还可用于疾病的诊断。

习题 §6.3

一、填空题

1. 蛋白质、淀粉、脂肪是三种重要的营养物质，其中________不是天然有机高分子化合物；这三种物质水解的最终产物分别是__________、__________、__________。

2. 高温杀菌的原理是利用__________________。

3. 使用浓硝酸时不慎溅到皮肤上，皮肤发黄的原因是__________________。

4. 鉴别鸡蛋白胶体和食盐溶液的常用方法是____________________。

5. 分离和提纯蛋白质的方法是____________________。

二、选择题

1. 欲将蛋白质从水中析出而又不改变它的性质，应加入(　　)。

A. 饱和 Na_2SO_4 溶液　　B. 浓硫酸

C. 甲醛溶液　　D. $CuSO_4$ 溶液

2. 蛋白质是生命的基础，富含蛋白质的食物是(　　)。

A. 鸡蛋　B. 馒头　C. 白菜　D. 苹果

3. 鉴别某种白色织物是否是蚕丝制品，可选用的适宜方法是(　　)。

A. 将织物溶于水　B. 用碘水

C. 灼烧闻气味　D. NaOH 溶液

4. 下列关于蛋白质的叙述中不正确的是(　　)。

A. 人工合成具有生命活力的蛋白质——结晶牛胰岛素是我国科学家在 1965 年首次合成

B. 在蛋白质溶液中加入饱和硫酸铵溶液，蛋白质析出，虽再加水，也不溶解

C. 重金属盐类能使蛋白质凝结，所以误食重金属盐类能使人中毒

D. 浓硝酸溅在皮肤上能使皮肤呈现黄色，是由于浓硝酸和蛋白质发生了颜色反应

5. 下列有关天然产物水解的叙述不正确的是(　　)。

A. 油脂水解可得到甘油

B. 可用碘检验淀粉水解是否完全

C. 蛋白质水解的最终产物均为氨基酸

D. 纤维素水解与淀粉水解得到的最终产物不同

三、解答题

1. 蛋白质的组成中主要含有哪些元素?

2. 在三支试管里分别盛有蛋白质、淀粉和肥皂的溶液，怎样鉴别它们?

3. 如何鉴别蚕丝和人造丝?

归纳与整理

一、糖类、油脂、蛋白质的基本概念

1. 糖类

糖类是绿色植物光合作用的产物，是动植物所需能量的重要来源，又叫碳水化合物。糖类是人体主要的能量来源。按照我国居民的食物构成，人体所摄取的热能约 75%是由糖类提供的。

2. 油脂

油脂比水轻，不溶于水。它是产生能量最高的营养物质，而且是机体能量的储存形式。

3. 蛋白质

蛋白质是由多种氨基酸脱水缩合而成的天然高分子化合物，蛋白质水解产物是氨基酸。蛋白质是组成细胞的基础物质，它约占人体除水分外剩余质量的一半。它参与一切生命活动，因此可以说没有蛋白质就没有生命。

二、糖类、油脂、蛋白质代表物的化学组成及重要性质

		元素组成	代表物	代表物分子	重要化学性质
糖类	单糖	C、H、O	葡萄糖　果糖	$C_6H_{12}O_6$	
	二糖	C、H、O	蔗糖　麦芽糖	$C_{12}H_{22}O_{11}$	
	多糖	C、H、O	淀粉　纤维素	$(C_6H_{10}O_5)_n$	
油脂	油	C、H、O	植物油	不饱和高级脂肪酸的甘油酯	
	脂	C、H、O	动物脂肪	饱和高级脂肪酸的甘油酯	
蛋白质		C、H、O、N、S、P 等	酶、肌肉、毛发等	氨基酸连接成的高分子	

复　习　题

一、填空题

1. 葡萄糖的结构简式为__________，从结构上看，它是一种________。

2. 在淀粉水解过程中，淀粉酶的作用是________，它是一种________。

3. 在常温下呈固态的油脂叫作______，呈液态的叫作______。

4. 在蛋白质溶液中加入饱和硫酸钠溶液，可使______析出，这种作用叫作________；在蛋白质溶液中加入 $HgCl_2$ 溶液，蛋白质会________，这种变化叫作蛋白质________。

二、选择题

1. 下列物质中，水解的最终产物中不含有葡萄糖的是(　　)。

A. 蔗糖　　B. 淀粉　　C. 纤维素　　D. 油脂

2. 下列物质中，不能发生银镜反应的是(　　)。

A. 甲醛　　B. 葡萄糖　　C. 蔗糖　　D. 棉花

3. 关于基本营养物质的说法正确的是(　　)。

A. 糖类、油脂、蛋白质都是高分子化合物

B. 麦芽糖不能发生水解反应,而蔗糖能水解

C. 糖类、油脂、蛋白质都是由 C、H、O 三种元素组成的

D. 油脂在酸性条件下水解为丙三醇和高级脂肪酸

4. 下列物质在一定条件下不能发生水解的是(　　)。

A. 蔗糖　　B. 葡萄糖　　C. 蛋白质　　D. 油脂

5. 下列说法正确的是(　　)。

A. 苯、聚乙烯都能与溴的四氯化碳溶液发生加成反应

B. 酯在碱性条件下的水解反应都叫作皂化反应

C. 糖类、油脂、蛋白质都能发生水解反应

D. 蛋白质在酶等催化剂作用下水解的产物是氨基酸

6. 下列关于常见有机物的说法不正确的是(　　)。

A. 牛油可以使溴水褪色,也可以与氢气发生加成反应

B. 苯与浓硝酸、浓硫酸混合共热制取硝基苯是取代反应

C. C_5H_{10} 不属于烷烃,C_5H_{12} 属于烷烃

D. 乙酸、葡萄糖在一定条件下均能与 $Cu(OH)_2$ 反应

7. 下列实验结论正确的是(　　)。

	实验操作	现象	结论
A	淀粉溶液中加入碘水	溶液变蓝	说明淀粉没有水解
B	将乙醇与酸性重铬酸钾($K_2Cr_2O_7$)溶液混合	橙色溶液变为绿色	乙醇具有还原性
C	蔗糖溶液中加入稀硫酸,水解后加入银氨溶液,水浴加热	未出现银镜	水解的产物为非还原性糖
D	将新制 $Cu(OH)_2$ 与葡萄糖溶液混合加热	产生红色沉淀	葡萄糖具有氧化性

三、写出下列反应的化学方程式

1. 蔗糖水解;

2. 淀粉在稀酸作用下水解。

四、解答题

1. 糖类的通式是 $C_n(H_2O)_m$,符合这一通式的物质是否一定为糖类?不

符合该通式的物质有可能是糖类吗?

2. 未成熟的苹果肉遇碘酒变蓝色,成熟苹果的汁液能与银氨溶液发生反应,试解释原因。

附录Ⅰ

名词索引

铝	Aluminum	结构式	Structural formula
氧化铝	Aluminum oxide	取代反应	Substitution reaction
两性氧化物	Amphoteric oxide	烷烃	Alkane
氢氧化铝	Aluminum hydroxide	饱和烃	Saturated hydrocarbon
两性氢氧化物	Amphoteric hydroxide	物质的量	The amount of substance
铁	Iron	同系物	Homolog
氧化亚铁	Iron protoxide	同分异构现象	Isomerism
氧化铁	Ferric oxide	同分异构体	Isomer
氢氧化铁	Iron(Ⅲ)hydroxide	烯烃	Alkene
氢氧化亚铁	Iron(Ⅱ)hydroxide	乙烯	Ethane
合金	Alloy	加成反应	Addition reaction
反应速率	Reaction rate	苯	Benzene
催化剂	Catalyst	乙醇	Ethanol
催化作用	Catalysis	乙酸	Acetic acid
选择性	Selectivity	纤维素	Cellulose
溶解度	Solubility	官能团	Functional group
可逆反应	Reversible reaction	酯	Ester
化学平衡	Chemical equilibrium	乙酸乙酯	Ethyl acetate
平衡移动	Shift of equilibrium state	酯化反应	Esterification
原电池	Primary battery	糖类	Carbohydrate
干电池	Dry cell	淀粉	Starch
蓄电池	Storage battery	水解反应	Hydrolysis reaction
化学腐蚀	Chemical corrosion	氨基酸	Amino acid
电化学腐蚀	Electrochemical corrosion	烃的衍生物	Derivative of hydrocarbon
电解	Electrolysis	皂化反应	Saponification
电解池	Electrolytic cell		

附录Ⅱ

相对原子质量

（按照元素符号的字母次序排列）

元素		相对原子质量	元素		相对原子质量	元素		相对原子质量
符号	名称		符号	名称		符号	名称	
Ac	锕	[227]	Ge	锗	72.63(1)	Pu	钚	[224]
Ag	银	107.8682(3)	H	氢	[1.00784;1.00811]	Ra	镭	[226]
Al	铝	26.9815386(8)	He	氦	4.002602(2)	Rb	铷	85.4678(3)
Am	镅	[243]	Hf	铪	178.49(2)	Re	铼	186.207(1)
Ar	氩	39.948(1)	Hg	汞	200.59(2)	Rf	𬬻	[265]
As	砷	74.92160(2)	Ho	钬	164.93032(2)	Rg	𬬭	[280]
At	砹	[210]	Hs	𬭶	[277]	Rh	铑	102.90550(2)
Au	金	196.966569(4)	I	碘	126.90447(3)	Rn	氡	[222]
B	硼	[10.806;10.821]	In	铟	114.818(3)	Ru	钌	101.07(2)
Ba	钡	137.327(7)	Ir	铱	192.217(3)	S	硫	[32.059;32.076]
Be	铍	9.012182(3)	K	钾	39.0983(1)	Sb	锑	121.760(1)
Bh	𬭛	[270]	Kr	氪	83.795(2)	Sc	钪	44.955912(6)
Bi	铋	208.98040(1)	La	镧	138.90547(7)	Se	硒	78.96(3)
Bk	锫	[247]	Li	锂	[6.938;6.997]	Sg	𬭳	[271]
Br	溴	79.904(1)	Lr	铹	[262]	Si	硅	[28.084;28.086]
C	碳	[12.0096;12.0116]	Lu	镥	174.9668(1)	Sm	钐	150.36(2)
Ca	钙	40.078(4)	Lv		[293]	Sn	锡	118.710(7)
Cd	镉	112.411(8)	Md	钔	[258]	Sr	锶	87.62(1)
Ce	铈	140.116(1)	Mg	镁	24.3050(6)	Ta	钽	180.94788(2)
Cf	锎	[251]	Mn	锰	54.938045(5)	Tb	铽	158.92535(2)
Cl	氯	[35.446;35.457]	Mo	钼	95.96(2)	Tc	锝	[98]
Cm	锔	[247]	Mt	鿏	[276]	Te	碲	127.60(3)
Cn	鿔	[285]	N	氮	[14.00643;14.00728]	Th	钍	232.03806(2)
Co	钴	58.933195(5)	Na	钠	22.98976928(2)	Ti	钛	47.867(1)
Cr	铬	51.9961(6)	Nb	铌	92.90638(2)	Tl	铊	[204.382;204.385]
Cs	铯	132.9054519(2)	Nd	钕	144.242(3)	Tm	铥	168.93421(2)
Cu	铜	63.546(3)	Ne	氖	20.1797(6)	U	铀	238.02891(3)
Db	𬭊	[268]	Ni	镍	58.6934(4)	Uuo		[294]
Ds	𫟼	[281]	No	锘	[259]	Uup		[288]
Dy	镝	162.500(1)	Np	镎	[237]	Uus		[294]
Er	铒	167.259(3)	O	氧	[15.99903;15.99977]	Uut		[284]
Es	锿	[252]	Os	锇	190.23(3)	V	钒	50.9415(1)
Eu	铕	151.964(1)	P	磷	30.973762(2)	W	钨	183.84(1)
F	氟	18.9984032(5)	Pa	镤	231.03588(2)	Xe	氙	131.293(6)
Fe	铁	55.845(2)	Pb	铅	207.2(1)	Y	钇	88.90585(2)
Fl		[289]	Pd	钯	106.42(1)	Yb	镱	173.054(5)
Fm	镄	[257]	Pm	钷	[145]	Zn	锌	65.38(2)
Fr	钫	[223]	Po	钋	[209]	Zr	锆	91.224(2)
Ga	镓	69.723(1)	Pr	镨	140.90765(2)			
Gd	钆	157.25(3)	Pt	铂	195.084(9)			

注：1. 相对原子质量录自国际纯粹与应用化学联合会（IUPAC）公布的“标准相对原子质量 2009”，以^{12}C=12 为基准。

2. 相对原子质量加方括号的为放射性元素半衰期最长的同位素的质量数。

3. 相对原子质量末尾数的不确定度加注在其后的括号内。

4. [a∶b]表示该元素的相对原子质量依据其同位素丰度变化而介于 a 和 b 之间。

附录Ⅲ

部分酸碱和盐的溶解性表（室温）

阴离子 阳离子	OH^-	NO_3^-	Cl^-	SO_4^{2-}	CO_3^{2-}
H^+		溶、挥	溶、挥	溶	溶、挥
NH_4^+	溶、挥	溶	溶	溶	溶
K^+	溶	溶	溶	溶	溶
Na^+	溶	溶	溶	溶	溶
Ba^{2+}	溶	溶	溶	不	不
Ca^{2+}	微	溶	溶	微	不
Mg^{2+}	不	溶	溶	溶	微
Al^{3+}	不	溶	溶	溶	—
Mn^{2+}	不	溶	溶	溶	不
Zn^{2+}	不	溶	溶	溶	不
Fe^{2+}	不	溶	溶	溶	不
Fe^{3+}	不	溶	溶	溶	—
Cu^{2+}	不	溶	溶	溶	—
Ag^+	—	溶	不	溶	不

说明："溶"表示那种物质可溶于水，"不"表示不溶于水，"微"表示微溶于水，"挥"表示挥发性，"—"表示那种物质不存在或遇到水就分解了。

附录Ⅳ

一些常见元素中英文名称对照表

元素符号	中文名称(拼音)	英文名	元素符合	中文名称(拼音)	英文名
Ag	银(yín)	silver	Al	铝(lǚ)	aluminum
Ar	氩(yà)	argon	Au	金(jīn)	gold
B	硼(péng)	boron	Ba	钡(bèi)	barium
Be	铍(pí)	beryllium	Br	溴(xiù)	bromine
C	碳(tàn)	carbon	Ca	钙(gài)	calcium
Cl	氯(lǜ)	chlorine	Co	钴(gǔ)	cobalt
Cr	铬(gè)	chromium	Cu	铜(tóng)	copper
F	氟(fú)	fluorine	Fe	铁(tiě)	iron
Ga	镓(jiā)	gallium	Ge	锗(zhě)	germanium
H	氢(qīng)	hydrogen	He	氦(hài)	helium
Hg	汞(gǒng)	mercury	I	碘(diǎn)	iodine
K	钾(jiǎ)	potassium	Kr	氪(kè)	krypton
Li	锂(lǐ)	lithium	Mg	镁(měi)	magnesium
Mn	锰(měng)	manganese	N	氮(dàn)	nitrogen
Na	钠(nà)	sodium	Ne	氖(nǎi)	neon
Ni	镍(niè)	nickel	O	氧(yǎng)	oxygen
P	磷(lín)	phosphorus	Pb	铅(qiān)	lead
Pt	铂(bó)	platinum	Ra	镭(léi)	radium
Rn	氡(dōng)	radon	S	硫(liú)	sulphur
Sc	钪(kàng)	scandium	Se	硒(xī)	selenium
Si	硅(guī)	silicon	Sn	锡(xī)	tin
Sr	锶(sī)	strontium	Ti	钛(tài)	titanium
U	铀(yóu)	uranium	V	钒(fán)	vanadium
W	钨(wū)	tungsten	Xe	氙(xiān)	xenon
Zn	锌(xīn)	zinc			

元素周期表

周期＼族	ⅠA 1	ⅡA 2	ⅢB 3	ⅣB 4	ⅤB 5	ⅥB 6	ⅦB 7	Ⅷ 8	9	10	ⅠB 11	ⅡB 12	ⅢA 13	ⅣA 14	ⅤA 15	ⅥA 16	ⅦA 17	0 18
1	1 H 氢 1.008																	2 He 氦 4.003
2	3 Li 锂 6.941	4 Be 铍 9.012											5 B 硼 10.81	6 C 碳 12.01	7 N 氮 14.01	8 O 氧 16.00	9 F 氟 19.00	10 Ne 氖 20.18
3	11 Na 钠 22.99	12 Mg 镁 24.31											13 Al 铝 26.98	14 Si 硅 28.09	15 P 磷 30.97	16 S 硫 32.06	17 Cl 氯 35.45	18 Ar 氩 39.95
4	19 K 钾 39.10	20 Ca 钙 40.08	21 Sc 钪 44.96	22 Ti 钛 47.87	23 V 钒 50.94	24 Cr 铬 52.00	25 Mn 锰 54.94	26 Fe 铁 55.85	27 Co 钴 58.93	28 Ni 镍 58.69	29 Cu 铜 63.55	30 Zn 锌 65.41	31 Ga 镓 69.72	32 Ge 锗 72.64	33 As 砷 74.92	34 Se 硒 78.96	35 Br 溴 79.90	36 Kr 氪 83.80
5	37 Rb 铷 85.47	38 Sr 锶 87.62	39 Y 钇 88.91	40 Zr 锆 91.22	41 Nb 铌 92.91	42 Mo 钼 95.94	43 Tc 锝 (98)	44 Ru 钌 101.1	45 Rh 铑 102.9	46 Pd 钯 106.4	47 Ag 银 107.9	48 Cd 镉 112.4	49 In 铟 114.8	50 Sn 锡 118.7	51 Sb 锑 121.8	52 Te 碲 127.6	53 I 碘 126.9	54 Xe 氙 131.3
6	55 Cs 铯 132.9	56 Ba 钡 137.3	57~71 La~Lu 镧系	72 Hf 铪 178.5	73 Ta 钽 180.9	74 W 钨 183.8	75 Re 铼 186.2	76 Os 锇 190.2	77 Ir 铱 192.2	78 Pt 铂 195.1	79 Au 金 197.0	80 Hg 汞 200.6	81 Tl 铊 204.4	82 Pb 铅 207.2	83 Bi 铋 209.0	84 Po 钋 (209)	85 At 砹 (210)	86 Rn 氡 (222)
7	87 Fr 钫 (223)	88 Ra 镭 (226)	89~103 Ac~Lr 锕系	104 Rf 𬬻* (261)	105 Db 𬭊* (262)	106 Sg 𬭳* (266)	107 Bh 𬭛* (264)	108 Hs 𬭶* (277)	109 Mt 鿏* (268)	110 Uun * (281)	111 Uuu * (272)	112 Uub * (285)		114 Uuq * (289)				

镧系	57 La 镧 138.9	58 Ce 铈 140.1	59 Pr 镨 140.9	60 Nd 钕 144.2	61 Pm 钷 (145)	62 Sm 钐 150.4	63 Eu 铕 152.0	64 Gd 钆 157.3	65 Tb 铽 158.9	66 Dy 镝 162.5	67 Ho 钬 164.9	68 Er 铒 167.3	69 Tm 铥 168.9	70 Yb 镱 173.0	71 Lu 镥 175.0
锕系	89 Ac 锕 (227)	90 Th 钍 232.0	91 Pa 镤 231.0	92 U 铀 238.0	93 Np 镎 (237)	94 Pu 钚 (244)	95 Am 镅* (243)	96 Cm 锔* (247)	97 Bk 锫* (247)	98 Cf 锎* (251)	99 Es 锿* (252)	100 Fm 镄* (257)	101 Md 钔* (258)	102 No 锘* (259)	103 Lr 铹* (262)

示例：8 O 氧 16.00

原子序数——8

元素符号（红色指放射性元素）——O

元素名称（注*的是人造元素）——氧

相对原子质量（加括号的数据为该放射性元素半衰期最长同位素的质量数）——16.00

非金属

金 属

注：

相对原子质量录自2001年国际原子量表，并全部取4位有效数字。